Helmut von Ameln

Sanitär-Installationen
Reparieren und Erneuern

Helmut von Ameln

Sanitär-
Installationen
Reparieren und Erneuern

Verlagsgesellschaft Rudolf Müller · Köln-Braunsfeld

CIP-Kurztitelaufnahme der Deutschen Bibliothek

Ameln, Helmut von
Sanitär-Installationen:
Reparieren und Erneuern
1. Aufl. – Köln-Braunsfeld: Müller 1978
(Fachwissen für Heimwerker)

ISBN 3-481-27611-7

ISBN 3–481–27611–7
© Verlagsgesellschaft Rudolf Müller GmbH
Köln-Braunsfeld 1978
Verlagsredaktion: Ingeborg Roggenbuck
Umschlaggestaltung: Hanswalter Herrbold, Opladen
Druck: A. Hellendoorn, Bentheim
Printed in Germany

Vorwort

Viele Hausbesitzer, aber auch Bewohner von Mietwohnungen, würden anfallende Reparaturen an Geräten in Küche und Bad gern selbst ausführen beziehungsweise das eine oder andere alte, unzeitgemäße Zubehör durch modernes ersetzen, wüßten sie, wie man, ohne Schaden zu nehmen, beim Installieren richtig vorzugehen hat. Denn jeder weiß, daß Reparieren und Montieren im Sanitärbereich ja von der Pike auf gelernt sein will. Nun gibt es aber, wie auf manchen anderen Gebieten, so auch auf diesem Handgriffe und Vorgänge, die der interessierte Laie nach Anleitung selbst vornehmen kann. Und genau sie behandelt dieses Buch.

Wissenswertes über Wasser, Gas und die zum Installieren erforderlichen Techniken wird einleitend vermittelt, ehe Reparatur- und Erneuerungsbeispiele, verständlich für jedermann, gezeigt und beschrieben werden. Tips zur Wartung und Pflege von Becken, Wanne und WC, die »kleine Störungen« vermeiden helfen können, ergänzen und beschließen die Installations-Lektion.

Köln, Juni 1978   *Helmut von Ameln*

Inhalt

Reparatur Hochhängender Spülkasten – Reparatur
Tiefhängender Spülkasten – Erneuerung eines
Rohrbelüfters

Badewanne – Erneuerung einer Wannenfüll- und
Brausebatterie $1/2''$ – Brauseschlauch auswechseln –
Siphon auswechseln – Erneuerung Waschtisch oder
Austausch eines Handwaschbeckens gegen einen
großen Waschtisch – Montage eines Verbindungsrohres
– Einbau einer Einlochbatterie – Montage einer Kugelkette und Befestigung – Erneuerung eines Schwenkauslaufes – Auswechseln oder Reinigen eines Siebes
am Wasserhahn – Einsetzen eines neuen Ablaufventils
– Ein Porzellan-Stand-WC (mit Druckspüler) wird
ausgewechselt – WC-Sitz erneuern

Montage eines Kochendwassergerätes – Messing-
Verlängerungen erneuern – Innengewinde nach-
schneiden! – Anschluß einer Waschmaschinen-Armatur
– Erneuern eines Wasserhahnes (Zapfventil) –
Austausch eines Bleisiphons am Küchenspülstein –
Entfernen eines alten Spülsteins, Anschluß einer
neuen Spüle – Montage einer Küchen-Schwenkbatterie

Abflußreinigung des Waschbeckens . . . – . . . von der
Badewanne . . . – . . . des WCs . . . – . . . und des
Bodeneinlaufs

Wasser und Gas

Wo wird Wasser abgesperrt?

Die Wasserleitung, bekanntlich als Hauptleitung von der Straße ins Haus verlegt, führt zunächst zum Wasserzähler und von dort aus mittels diverser Leitungen zu den Versorgungs- stellen der Verbraucher. Zwischen dem Haupteingang und den Armaturen befinden sich mehrere Haupt- und Unterabsper- rungen. Der Hauptabsperrhahn vor der Wasseruhr ist Eigen- tum des Wasserwerkes und darf nicht betätigt werden. Das er- ste hinter der Wasseruhr befindliche Ventil ist die Hauptab- sperrung, die nur beim Wasserrohrbruch abgedreht wird. Vor Reparaturen werden die jeweiligen Unterabsperrungen zugedreht, so daß während des Arbeitens Mitbewohner, die sich aus einer anderen Leitung versorgen, nicht belästigt wer- den.
Warmwasser wird im Heizungskeller am Boiler abgesperrt.

1   Wasserverteiler im Keller.

9

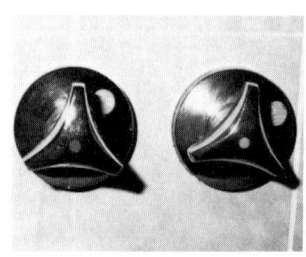

2 Absperrknöpfe im Bad.

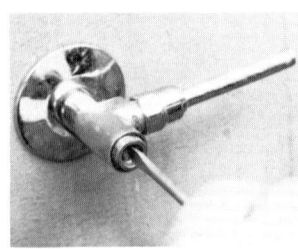

3 Eckventil.

Der Flügelradwasserzähler – wie funktioniert er, wie liest man ihn ab?

Den Wasserzähler, das wachsame Auge der Wasserwerke, kennt man vielfach nur von außen. Wer sich jedoch die Mühe macht und den Deckel des Zählers hochklappt, entdeckt unter einer Glasplatte eine Anzahl Zeiger und Zahlen, die das Ablesen des Zählers schwierig erscheinen lassen.

Funktion: Durchlaufendes Wasser setzt ein Flügelrad in Gang. Die entstehenden Bewegungen werden über ein Zählwerk – Zahnräder mit Übersetzung – auf das Zeigerwerk übertragen. Dreht sich der die Litermengen angebende große Zeiger einmal um seine Achse, wird der folgende Zeiger mit dem nächsthöheren Verbrauch in Bewegung gesetzt. Je mehr Wasser verbraucht wird, desto schneller drehen sich die Zeiger, die ihrerseits jede eigene Umdrehung an einen anderen Zeiger weitergeben.

Ablesen des Zählers: Aus dem soeben Gesagten ist zu entnehmen, daß sich jeder Zeiger stets nur um einen kleinen Teilwert, also nicht sprungartig von einer vollen Zahl zur anderen, weiterbewegt.

In diesem Rhythmus bewegen sich die Zeiger weiter: Der große Zeiger zählt die Litermengen, eine Umdrehung um die eigene Achse = 360 Grad sind 100 Liter. Der zweite Zeiger mit den 100-Liter-Angaben (0,1 m³) geht nun um einen Teilstrich weiter. Der große Zeiger muß sich also zehnmal drehen, um den zweiten Zeiger einmal um 360° zu drehen.

Der zweite Zeiger muß sich nun wiederum ganz drehen, um den dritten Zeiger um einen Strich weiterbewegen zu können. Da die einzelnen Anzeigeskalen mit Nummern versehen sind, ablesbar in m³, ergibt sich folgendes:

Einteilung von 0 bis 100 = Liter

1. Zeiger zeigt je 100 verbrauchte Liter an (siehe 0,1),
2. Zeiger Verbrauch von je 1 m³ (siehe 1),
3. Zeiger Verbrauch von je 10 m³ (siehe 10),
4. Zeiger Verbrauch von je 100 m³ (siehe 100),
5. Zeiger Verbrauch von je 1000 m³ (siehe 1000).

Zu bemerken wäre noch, daß man nur von jedem vollen Teilstrich ablesen kann. Hat demnach ein Zeiger noch keinen vollen Teilstrich erreicht, wird der überschrittene kleinere Teilstrich aufgeschrieben.

10

4 Schnitt durch einen Flügelradwasserzähler.   5 Zählerstand.

Ablesen des Zählwerkes:

Großer Zeiger steht auf 56 Liter
Zeiger 0,1 steht zwischen Teilstrich 4 und 5,
demnach (weil voller Teilstrich nicht erreicht wurde)   0,4
Zeiger 1 steht zwischen 2 und 3,
demnach   2,0
Zeiger 10 steht zwischen 5 und 6,
demnach   50,00
Zeiger 100 steht zwischen 0 und 1,
demnach   000,00
Zeiger 1000 steht auf 0,
demnach   0000,00

Der Verbrauch beträgt also 0052,456 m³ oder 52 m³ und 456 l.

Funktion des Gaszählers

Die in der Abbildung gezeigten Hausgaszähler sind Zweirohr-gaszähler. Zweirohr deshalb, weil ein Rohr das Gas in den Zähler befördert und das zweite Rohr das gemessene Gas in die Hausleitung abgibt.
Die Messung des Gases erfolgt im Zähler durch zwei Leder-bälge, die beim Durchströmen des Gases im Wechsel auf- und abgepumpt werden. Die Bewegungen werden über ein Ge-stänge auf ein Zählwerk übertragen, das den Verbrauch in Zahlen anzeigt.

6 *Hausgaszähler.*

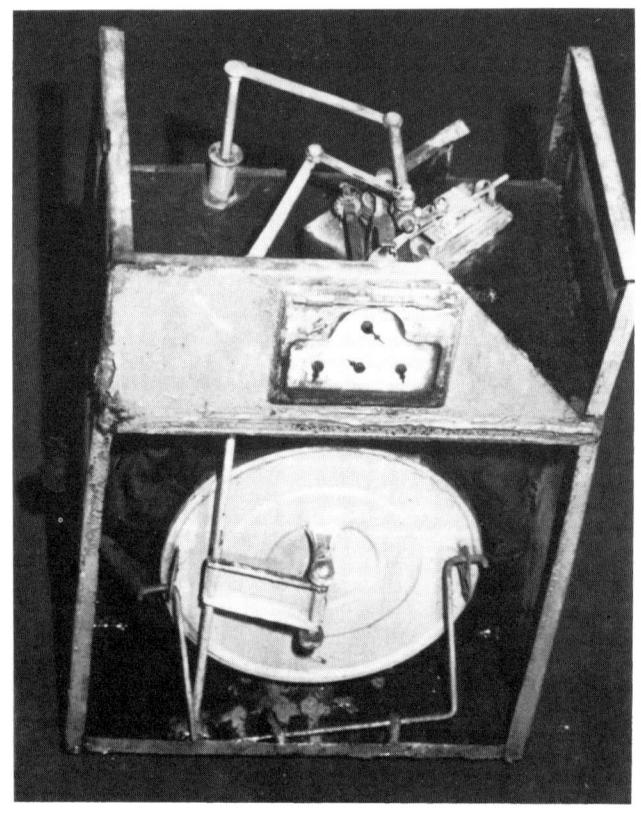

7 *Balgengaszähler.*

Wie werden die Leitungen verlegt?

Sämtliche Wasser- und Abflußleitungen werden vom Installateur nach Vorschrift, und zwar gemäß DIN 1986 und 1988 verlegt, so daß defekte Leitungen zwecks Reparatur verhältnismäßig gezielt gesucht und gefunden werden können.
Wasserleitungen werden grundsätzlich im Winkel, Abflußleitungen etwas schräg verlegt.
Um auch dem Hobby-Installateur Einblick in eine Rohrverlegung zu vermitteln, zeigt Bild 8 die gebräuchlichste Anordnung einer Badezimmer-Installationswand.

8 Schema Rohrverlegung.

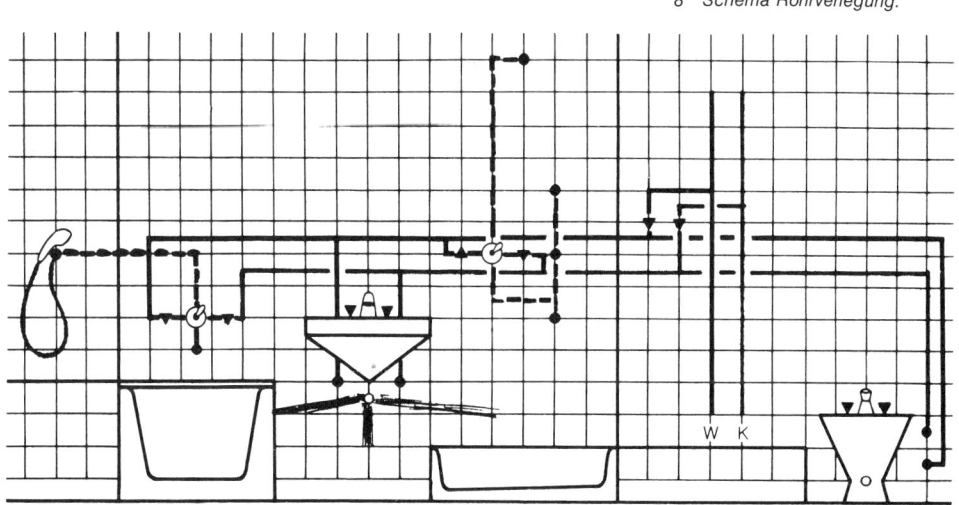

8 a   *Sanitäre Einrichtungen.*

14

Handwerkliche Techniken

Weichlöten von Bleirohr

Werkzeug: Bleirohr-Aufweitezange (geeignet ist auch ein kurzes rundes Holz), Reinigungsbürste (Stahl), Allroundfeile, Propangasbrenner, einfachste Ausführung mit Flasche, Messer. Material: Lötzinn, am besten mit Stearinfüllung (Flußmittel).

Ist Löten eigentlich eine Kunst der Klempner und Installateure oder kann es jedermann lernen? Hierzu sei bemerkt, daß Klempner und Installateure zwei verschiedene Handwerkszweige sind. Der Klempner führt nach dem heutigen Berufsbild zum Beispiel Zinkarbeiten am Dach aus, während der Installateur unter anderem für Arbeiten an sanitären Innenanlagen zuständig ist.

Löten kann grundsätzlich jeder lernen, wenn er dabei folgendermaßen vorgeht:

9   Aufweiten.

(Nachstehend wird die Verbindung von zwei Stück Bleirohr NW 50 durch eine sogenannte Kelchnaht beschrieben. Bei der Längenmessung der zu verbindenden Teile sind etwa 5 mm dem Maß hinzuzurechnen, weil das einzulötende Stück – bedingt durch das Aufweiten für die Kelchnaht – um dieses Maß in das andere Rohr hineingesteckt wird.)
Ist ein Ende des Rohres mit der Zange aufgeweitet, wird der aufgeweitete Kelch sodann innen mit einem Messer saubergeschabt. Das Gegenstück wird mit einer Drahtbürste etwa 2 cm hoch gereinigt, mit einer groben Feile schräg angefast und danach in den Kelch des Gegenstückes leicht eingeklopft. Jetzt wird unter ständigem Hin- und Herbewegen der Flamme das Bleirohr unter gleichzeitigem Hinzufügen von Lötzinn, den man in den Kelch leicht eindrückt, erhitzt. Die Flamme erhitzt nun allmählich Zinn und Blei. Da Zinn eine niedrigere Schmelztemperatur (200 bis 250°) als Blei (etwa 330°) besitzt, schmilzt Zinn schneller, und man kann unter Nachführen des Zinns dieses in die ganze Kelchnaht grob einlegen.
Jetzt den Lötzinn aus der Hand legen und, wie beschrieben, die sauber vorgerichtete Lötstelle erneut erhitzen. Mit einem zwei-

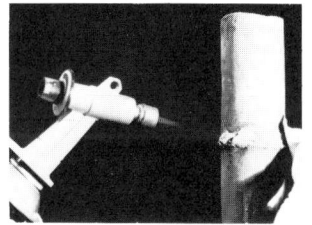

10   Neu erhitzen.

15

bis dreifach gefalteten Papierstück (etwa 7 × 4 cm) kann das heiße, weiche Zinn in die Kelchnaht eingedrückt und sauber abgezogen werden. Dabei sollten Blei und Zinn einwandfrei ineinander übergehen.

Diejenigen, die im Umgang mit Lötdraht und Brenner geübter sind, können das Zinn direkt in die Kelchnaht einlaufen lassen, so daß das Abstreichen des überflüssigen Zinns entfällt. Auch hier ist die Pendelbewegung der Lötflamme unbedingt zu beachten.

Hartlöten von Kupferrohr

Werkzeug: Gas-Hartlotbrenner oder Schweißbrenner, feine Stahlwolle.
Material: Hartlot zum Verbinden des Kupferrohres.

Unter Hartlöten versteht der Fachmann das Verbinden von zwei gleichen oder ähnlichen Metallen bei etwa 800° Hitze. Die meist verwendete Verbindung besteht bei Kupferrohren unter Hinzufügung von Messinglot mit Silbergehalt – mit oder ohne Flußmittelfüllung.
Und so wird's gemacht: Die zu verbindenden Teile werden gründlich gesäubert. Bei Verbindung von Kupferrohren mit Kupferformstücken kann auf Beigabe von Flußmitteln verzichtet werden. Die Metalle werden gleichmäßig rundum rotglühend erhitzt, und das Lot wird von unten nach oben in die Lötstelle eingedrückt. Durch die bekannte Kapillarwirkung zieht das Lot in das Innere der Lötstelle ein und verbindet das Kupfer miteinander. Ist soviel Lot auf die Lötstelle aufgetragen, daß es

11 Lötstelle erhitzen.

16

nicht mehr einzieht, wird die gesamte Lötstelle nochmals gleichmäßig rundum erhitzt (dunkelrot), damit keine Spannungen entstehen.

Nach Entfernen der Flamme sollte das Material, ohne bewegt zu werden, abkühlen, damit das Brechen der Lötstelle vermieden wird.

Gewindeschneiden

Werkzeug: Gewindeschneider (Größe je nach Rohrstärke), Ölkanne, Rohrrinnenfräse.
Material: Schneidöl (giftfrei).

Die Gewindekluppe wird auf das Rohr aufgesetzt und der Rasterhebel auf »R« (rechts) gestellt. Unter gleichzeitigem Andrücken des Schneidkopfes mit der linken Hand wird der Betäti-

12 Rasterhebel einstellen.

13 Öl auftragen.

14 Gewinde ausmessen.

15 Rasterhebel auf rückwärts stellen.

16 Entgraten.

gungshebel nach unten gedrückt. Da die Kluppe als Ratsche ausgebildet ist, kann man den Hebel wieder hochziehen und den Vorgang wiederholen, bis sich der Schneidkopf auf das Rohr aufgezogen hat. Nach jeder Umdrehung sollte man etwas Öl auf das zu schneidende Gewinde tropfen lassen. Die Länge eines Gewindes läßt sich in der aufzuschraubenden Muffe nachmessen.

Ist das Gewinde auf Länge geschnitten, wird der Rasterhebel auf »L« (links) gestellt, so daß der Schneidkopf sich in entgegengesetzter Richtung wieder abdrehen läßt.

Die anfallenden Späne werden nun sorgfältig entfernt, und das Öl wird mit einem Lappen abgeputzt. Wurde abschließend das Rohr mit einem Innenfräser vom Schneidgrat befreit, ist das Gewinde fertig!

Gewinde verhanfen

Werkzeug: Reinigungsbürste (Stahl).
Material: Gewindekitt, Hanf (oder Teflonband).
Würde man ein Gewinde ohne Abdichtung in eine zu verbindende Gegenmuffe eindrehen, so wäre die Verbindung undicht. Um eine Abdichtung herzustellen, wird das einzudrehende Gewinde in der Richtung, in der das Gewinde geschnitten wurde, mit Hanf oder Teflonband deckend, aber nicht zu dick, umwickelt.

Bei der Hanfumwicklung werden die Fasern anschließend mit einer Drahtbürste in die Gewinderillen ziehend mit leichtem

17 Rohr mit Hanf umwickeln . . .

18 . . . mit der Drahtbürste einpressen . . .

18

Druck eingepreßt. Dieser Vorgang gewährleistet das Eindrehen des Hanfes in die Muffe (zu lockere Umwicklung wird beim Eindrehen wieder weggedrückt).

Um ein reibungsloses Eindrehen zu erreichen, wird die Hanfabdichtung mit Gewindekitt (laut Lebensmittelgesetz zugelassene Gewindekitte verwenden!) eingestrichen. (Entfällt bei Teflonband.) Die Gegenmuffe sollte nach Säuberung ebenfalls mit Kitt leicht eingestrichen werden. Die Gewindeverbindung kann nun mit einer Rohrzange hergestellt werden.

19 ... Gewindekitt auftragen ... *20 Die Gegenmuffe sollte ebenfalls nach Säuberung leicht eingestrichen werden.* *21 Endgültige Verbindung mittels Rohrzange.*

Verlegen von Kaltwasser-Kunststoffleitungen

Werkzeug: Allroundfeile, Pinsel, kleine Bügelsäge (15 cm) für Eisen (PUK-Säge).

Material: Reiniger und Kleber, PVC-Rohr und Formstücke in benötigter Größe und Menge, Fließpapier (farbloses WC-Papier).

Viele Hauswasser-Innenleitungen bestehen heute aus Kunststoff, genauer gesagt aus PVC. Die Verbindungsstellen werden gesäubert und anschließend verklebt. Das Aufbringen des Klebers und das Reinigen geschieht nur in Längsrichtung (Richtung des fließenden Wassers). Dabei sollten die vom Hersteller empfohlenen Verarbeitungshinweise unbedingt beachtet werden, und zwar deshalb, weil die Klebestellen längere Zeit trocknen müssen und nicht vor Ablauf von acht Stunden belastbar sind. Bei Verlegung in die Wand darf die Leitung nicht mit Zement festgesetzt werden, und außerdem

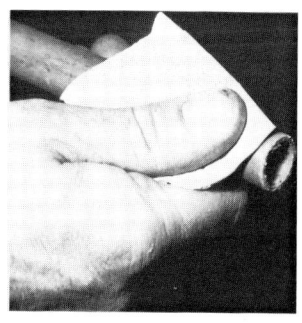

22 Klebestelle reinigen.

ist auf Ausdehnungsmöglichkeiten nach allen Richtungen hin zu achten.

Arbeitsablauf: Das Ende des Rohres wird mit der Feile angeschrägt, damit der Kleber beim Eindrücken in die Muffe nicht abgestreift werden kann. Nun wird Fließpapier mit Reiniger getränkt und das Rohrende in Längsrichtung gut gesäubert. Desgleichen die Innenseite des Formstückes. Anschließend wird sie leicht und in Längsrichtung mit Kleber eingestrichen. Danach erfolgt das Einstreichen des Rohrendes – ebenfalls in Längsrichtung. Die zwei zu verklebenden Stellen werden unverzüglich ineinandergesteckt. Ein Verdrehen der Klebestelle während oder nach dem Zusammenstecken ist zu vermeiden. Zuviel aufgetragener Kleber wird mit Fließpapier entfernt.

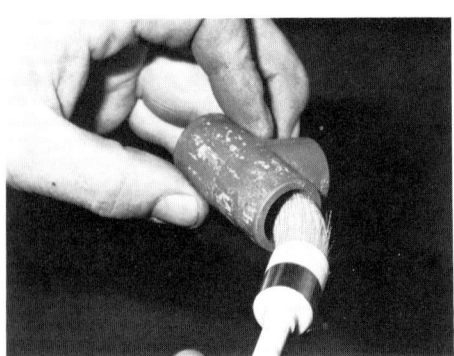

23 Kleber auftragen im Formstück.

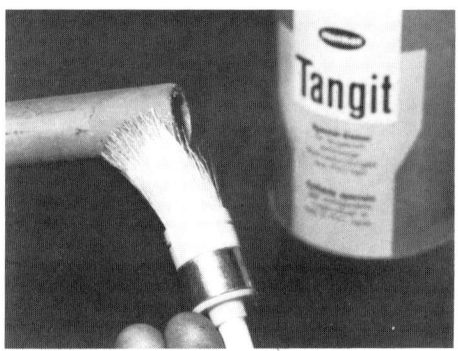

24 Das Rohrende wird eingestrichen.

25 Klebestellen zusammendrücken.

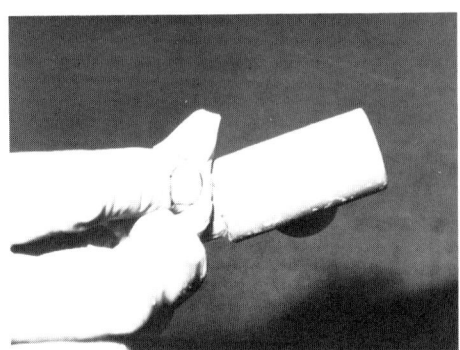

26 Überflüssigen Kleber abstreifen.

Allgemeines zum Verlegen von Wasserleitungen

Bei der Verlegung von Rohrleitungen ist es erforderlich, auf deren Dimension, das Isolieren gegen Korrosion und auf die Schalldämmung zu achten.

Rohrleitungen sollten sich grundsätzlich außerhalb von Schlaf- und Ruheräumen befinden. Ihrer Fließ- und Einlaufgeräusche wegen ordnet man sie möglichst dort an, wo sich auch andere Geräusche, zum Beispiel Straßenlärm, entwickeln. Beim Einbau von Armaturen ist auch gemäß der Schallschutzbestimmung (nach DIN 4109) zu verfahren.

Über die Dimensionierung von Rohrleitungen entscheidet der ausführende Installateur. Hier soll jedoch als Anhaltspunkt erwähnt werden, daß zu klein gewählte Rohrleitungen die Fließgeschwindigkeit des Wassers erhöhen und somit Fließgeräusche verursachen, während bei zu groß gewählten Rohrleitungen sich der Kalk schneller absetzt.

Beim Einbau von meist hydraulisch (thermisch) gesteuerten Durchlauferhitzern ist darauf zu achten, daß entsprechender Wasserdruck vorhanden ist. Das gilt hauptsächlich bei der Renovierung im Altbau. Sollten hier alte Leitungen vorhanden sein, empfiehlt sich der Einbau von thermisch gesteuerten Druckdurchlauferhitzern, weil diese Geräte vom Wasserdruck weniger abhängig sind.

Der Einbau eines Druckspeichers wird sich dort anbieten, wo wenig Strom vorhanden ist. In solchem Speicher können etwa 80 bis 120 l Wasser eingelassen und elektrisch aufgeheizt werden.

Für die Installation von Warmwasserleitungen sollte Kupferrohr verwendet werden, da Druckdurchlauferhitzer infolge überhöhter Wassertemperatur die Schutzschicht von verzinktem Rohr beschädigen können. Bei Einsatz von verkupferten und verzinkten Materialien untereinander holt man sich sicherheitshalber den Rat eines Fachmannes ein (Rostschäden).

Großer Beliebtheit erfreuen sich heute Tiefhängespülkästen, die, je nach Fabrikat, in flacher Ausführung und mit Innenisolierung, die das Wassereinlaufen geräuscharm macht, zu haben sind. Zur Modernisierung einer Druckspülanlage bieten sich ebenfalls Tiefspülkästen an. Da Druckspülerleitungen mit der Zeit verkalken und demzufolge weniger leisten, so daß nicht mehr richtig abgespült werden kann, ist der Einbau dieses neuen Spülkastens ratsam. Man erreicht dadurch genügend

Wasservorrat, eine bessere Spülleistung und einen bedeutend ruhigeren Spülvorgang.

Beim Verlegen von Rohrleitungen, für Abfluß und auch Wasserzufluß, ist eine Schallisolierung durch Steinwolle, Kunststoffschalen oder Ausschäumen mit Kunststoff empfehlenswert.

Bei Erneuerung der Badewanne bietet sich jetzt ein Wannenträger aus Kunststoff an. Er wird unter die zu montierende Badewanne gesetzt, so daß sich ein Untermauern von Badewannen und Aufmauerung von Vorderschalen erübrigen. Einlaufgeräusche, beispielsweise durch Badewasser verursacht, werden um etwa 25 % reduziert. Außerdem hält der Wannenträger das Badewasser länger als üblich warm, weil Kunststoff Wärmeverlust verhindert. Da die Badewanne meist erst nach dem Verfliesen in diesen Kunststoffträger montiert wird, sind auch Beschädigungen durch Handwerker während der Bauarbeiten ausgeschlossen.

Warmwasserversorgung

Leitungen und Systeme

Wir empfinden es als eine Selbstverständlichkeit, daß, sobald wir den Warmwasserhahn öffnen, auch genug Heißwasser verfügbar ist. Daß hinter diesem Handgriff jedoch eine Menge sinnvoller Überlegungen stehen, versteht man erst, wenn man sich mit einem Fachmann über den Umbau oder die Einrichtung eines Badezimmers unterhält. Er nennt dabei Hochdruckspeicher, Durchlauferhitzer, Kochendwassergeräte, verschiedene Versorgungssysteme und so weiter, aber auch die Kosten von gering bis sehr hoch. Was steckt dahinter und welche Punkte sind beim Einbau einer Warmwasserleitung zu beachten?

Die erste und wohl wichtigste Frage, die vor dem Einbau einer Warmwasseranlage geklärt werden sollte, lautet: Was wird überhaupt mit Warmwasser versorgt? Zweitens: Welches Heizmedium (Gas, Strom, Öl, Koks etc.) ist verfügbar? Drittens: Wahlweise für die Wärmeversorgung können Warmwasserbereiter wie Speicher, Boiler, Durchlauferhitzer, Zentralheizung zum Einsatz kommen, die mit den unterschiedlichsten Heizmedien betrieben werden können.

Nachstehend Näheres über Versorgungssysteme und Heißwasserbereiter.

Einzelversorgung. Der Begriff Einzelversorgung deutet bereits
darauf hin, daß jede einzelne Warmwasserstelle von einem
hierfür bestimmten Warmwasserbereiter versorgt wird. Die ty-
pischsten Heißwassergeräte für diese Einzelversorgungen
sind Kochendwassergeräte, 5-l-Untertischgeräte, kleinere
Duschspeicher, Kohlebadeöfen. Die genannten Heizgeräte
sind einfach in ihrem Aufbau und benötigen nur wenig Heizkraft, so daß sie preisgünstig geliefert und betrieben und leicht
unter jeden Waschtisch oder über der Spüle montiert werden
können.

Für die Montage dieser Geräte benötigt man bei 5-l-Geräten
mit Strom keine besondere Genehmigung des Elektrizitätswerkes, weil die Geräte mit einfachem Haushaltsstrom versorgt werden. Gasgeräte für die Einzelversorgung sind dagegen genehmigungspflichtig und dürfen nur von einem zugelas-
senen Gas-Installateur montiert werden. Kleinere Gasgeräte,
die für ein Waschbecken oder für die Küchenspüle vorgesehen
sind, benötigen keinen Kaminabzug, weil sie nur kurzfristig betrieben werden. Dagegen müssen Duschspeicher infolge der
durch das Duschen bedingten längeren Betriebszeit an einen
Gaskamin angeschlossen werden, damit die beim Herstellen
des Duschwassers anfallende Abgasmenge nicht in das Badezimmer gelangt, sondern abgeleitet werden kann.

Gruppenversorgung. Eine Gruppenversorgung ist dann gegeben, wenn an ein Warmwassergerät mehrere Zapfstellen angeschlossen werden. Dieses Warmwassergerät hält entweder
als Boiler oder als Speicher stets warmes Wasser bereit –
Durchlauferhitzer schalten sich selbsttätig ein, sofern ein
Warmwasserhahn dieser Gruppenversorgung geöffnet wird.
Gruppenversorgungen bieten sich dort an, wo zwei unter-
schiedliche Gruppen weit auseinanderliegen, zum Beispiel
Bad am Treppenhaus oder separate Dusche am Schlafzim-
mer. Die Gruppenversorgung hat den Vorteil, daß man lange
Rohrstrecken einspart, dadurch einen kürzeren Weg vom
Warmwasserbereiter zur Zapfstelle vorfindet, so daß kein
Wärmeverlust eintritt und die Heizkosten auf ein Minimum re-
duziert werden.

Als Gruppenversorgungsgeräte empfehlen sich druckfeste
Boiler für Kohle, Öl oder mit Elektroheizstab. Bei den Elektro-
boilern oder -speichern gibt es einen Speicher, der zusätzlich

eine zweite Zapfstelle mitversorgen kann. In den meisten Fällen werden druckfeste Durchlauferhitzer oder Speicher montiert. Vor der Installation von Druckdurchlauferhitzern und Speichern ist die Genehmigung des Elektrizitätswerkes über einen Elektroinstallateur einzuholen.

Zentralversorgung. Unter einer Zentralversorgung ist eine Rohrleitungsanlage zu verstehen, die vom Warmwassererzeuger aus durch das gesamte Haus geführt wird und sämtliche Zapfstellen mit Warmwasser versorgt. Solch eine Anlage stellt gegenüber den anderen Versorgungssystemen die größtmöglichste Wassermenge zur Verfügung. Die typischste Zentralversorgung versteht man hauptsächlich unter einem an dasHeizungsnetz angeschlossenem Warmwassersystem.Da die Heizung ständig Heizkraft nachliefert, steht dem Benutzer immer eine gleichbleibende Wassermenge zur Verfügung. Eine Regelanlage hält dieses Warmwasser auf Temperaturen zwischen 50 und 55°, so daß Schutz gegen Korrosion durch Überhitzung gegeben ist.

Das einfachste System eines Warmwasserspeichers ist eine mit Heizwasser gefüllte, im oder außen am Speicher befindliche Schlange, die das Brauchwasser aufheizt. Ein ständiger Wärmenachschub vom Heizungssystem aus läßt das Wasser im Warmwasserspeicher nicht erkalten. Warmes Wasser kann ständig direkt an der Zapfstelle entnommen werden, wird eine Zirkulierungsleitung verlegt, die in Verbindung mit der Warmwasserleitung einen dauernden Kreislauf herstellt. Warmes Wasser wird somit zur Zapfstelle befördert und, kurz vorher durch diese Zirkulierungsleitung abgekühlt, wieder dem Warmwasserbereiter zugeführt, so daß das warme Wasser bis kurz vor die Zapfstelle transportiert werden kann.

In Häusern mit mehreren Etagen wird in die Zirkulierungsleitung eine Umwälzpumpe eingebaut, weil bei längeren Strecken der eigene Auftrieb des Wassers verlorengeht. Sind Zentralversorgungsanlagen in Mehrfamilienhäusern installiert, können in den einzelnen Wohnungen Wärmezähler angebracht werden, so daß die entnommene Wärme separat gemessen und abgerechnet werden kann.

Komfort will natürlich bezahlt werden, deshalb sollten die Kosten für das Verlegen von Warmwasserleitungen aus dem Keller, die Zirkulierungsleitungen, die Pumpen und den erhöhten Energiebedarf vor dem Einbau solch einer Anlage kalkuliert und überlegt werden.

Es erscheint hier nicht sinnvoll, Kosten zu vergleichen, da für jedes Haus andere Rohrlängen und unterschiedliche Verbrauchsstellen benötigt werden. Es empfiehlt sich, den Installateur zu fragen, der mit den zu berechnenden Werten sowie den entsprechenden Preisen vertraut ist.

Daß bei der Zentralversorgung die Rohre isoliert werden müssen, ist deshalb erforderlich, weil jede Abkühlung der Leitungen zu Wärmeverlust führt, den die Heizungsanlage wieder aufbringen muß. Natürlich kann man auch bei der Zentralversorgung auf eine Wärmezuführung durch die Zentralheizungsanlage verzichten, indem Speicher mit eigener Wärmequelle verwendet werden. Geeignet sind gasbeheizte Warmwasserspeicher, ölbeheizte Warmwasserspeicher oder bei großen Anlagen separate Heizkessel, die wiederum die entsprechenden Warmwasserbereiter aufheizen.

Materialien für die Warmwasserversorgung

Bei der Auswahl der Materialien für die Warmwasserrohre ist sehr sorgfältig vorzugehen. Als wichtigster Punkt ist die hohe Temperatur des Wassers zu berücksichtigen.

Am besten haben sich bisher Warmwasserleitungen aus Kupferrohr bewährt (die Kaltwasserleitungen sind hier nicht gemeint). Denn in Kupferrohren können sich, ihrer glatten Innenwandungen wegen, keine Kalkreste absetzen, und die Rohre können somit nicht verkalken. Außerdem kann Kupferrohr heißes Wasser vertragen, so daß eine Beschädigung der Schutzschicht, wie etwa bei verzinkten Rohren, hier nicht zu befürchten ist. Kupferrohre sind außerdem bereits fertig isoliert im Handel, so daß auch hier für die Wärmedämmung etwas getan wurde. Die Isolierschicht verhindert überdies eine Korrosion von außen durch Zement, Gips oder ähnliches säurehaltiges Baumaterial. Kunststoffrohre sind zwar schon im Handel, für den Einsatz von Warmwasserleitungen haben sie sich aber noch nicht bewährt.

Beim Verlegen von Warmwasserleitungen ist darauf zu achten, daß die Kaltwasserleitung sich nicht im gleichen Rohrschacht befindet, denn hier würde sie miterwärmt werden, so daß Kaltwasser nicht mehr verfügbar ist.

Die verschiedenen Arten der Warmwasserbereiter

Drucklose Geräte (Überlaufgeräte)

Drucklose Heißwassergeräte sind stets mit Wasser gefüllt. Wenn der Warmwasserhahn geöffnet wird, wird in Wirklichkeit kaltes Wasser am Boden des Gerätes eingelassen, das seinerseits das warme Wasser nach oben wegdrückt. Das Wasser läuft sodann oben durch ein Rohr in eine Mischarmatur, aus der es gemischt oder ungemischt herausfließt.

Die bekanntesten drucklosen Geräte sind Kohlebadeöfen, 5-l-Untertischgeräte, Kochendwassergeräte etc. Zum Aufheizen des Wassers in Geräten wird in der Regel einfacher Haushaltsstrom verwendet. Bei Kohlebadeöfen wird mittels Öl oder Kohle unter dem Wasserbehälter geheizt. Ein nicht druckfest gebautes Gerät ist durch ein Überlaufrohr mit der Atmosphäre verbunden. Die Armatur beginnt zu tropfen, wenn ein druckloser Speicher unter dem Waschtisch oder der Küchenspüle aufheizt. Die durch das Aufheizen größer werdende Wassermenge entweicht aus der Armatur. Bei Kochendwassergeräten ist gelegentlich auch das Austreten von Dampf am unten angebrachten Sicherheitsrohr zu beobachten. Die meisten drucklosen Heißwasserbereiter sind nicht isoliert, weil sie, wie zum Beispiel der Kohlebadeofen, direkt neben der Entnahmestelle angebracht sind und nur kurz vor dem Benutzen beheizt werden.

5-l-Untertischgeräte haben lediglich eine kleine Isolierung, die ihnen den Namen »Heißwasserspeicher« einträgt. Der Unterschied zwischen Boiler und Speicher besteht darin, daß Heißwasserspeicher zusätzlich isoliert sind.

Druckfeste Heißwassergeräte in Speicherform

Druckfeste Heißwassergeräte haben im Gegensatz zu drucklosen Geräten einen druckfesten Innenbehälter, der dem normalen Wasserleitungsdruck standhält. Somit lastet der gesamte Leitungsdruck vom Wasserversorgungsnetz durch den Boiler bis zur Entnahmestelle auf den Leitungen und den druckfesten Geräten. Im Gegensatz zu drucklosen Geräten, die ihren Sicherheitsauslaß durch die Armatur haben, wird bei diesen Geräten eine Sicherheitsgruppe angebaut, die über einen Trichter Ausdehnungswasser auffängt und abläßt. Druckheißwassergeräte werden hauptsächlich zur Versorgung mehrerer Zapfstellen (Gruppenversorgung) installiert. Selbstverständlich ist auch hier der Einsatz bei einer Einzelversorgung möglich.

Der Vorteil dieser Geräte liegt darin, daß man sie nicht in der Nähe der Entnahmestelle anzuordnen braucht. Allerdings sollten sie, um unnötigen Wärmeverlust zu vermeiden, doch möglichst nahe der meistgenutzten Entnahmestelle installiert werden.

Die Geräte in Speicherform sind gegenüber Boilern isoliert. Speicher mit Innenisolierung finden heute hauptsächlich Verwendung, weil sie das Wasser länger warmhalten und wirtschaftlicher arbeiten. Heißwassergeräte in Speicherform gibt es zum Beheizen mit Gas, Öl, Strom oder zum Anschluß an die Zentralheizung.

Seit der Nutzung von Nachtstrom gibt es Zweikreisspeicher. Diese Bezeichnung bezieht sich auf Geräte, die eine Grundbeziehungsweise Kleinheizung für die Nacht und eine Zusatzbeziehungsweise Starkheizung für die Deckung eines größeren Warmwasserbedarfs während des Tages besitzen. Die Grundheizung heizt den Speicher über Nacht mit Nachtstrom auf. Ist der Warmwasserbedarf größer, wird bei abfallender Temperatur des Brauchwassers eine Zusatzheizung mittels Tagesstrom eingeschaltet.

Ein 80-l-Speicher für die Gruppenversorgung von Bad oder Küche ist gut geeignet, wenn kein Starkstrom zur Verfügung steht und mit schwachem Strom Wasser aufgeheizt werden soll.

Der Nachteil dieser Speicher: Das verhältnismäßig große Gerät nimmt im Badezimmer oder in der Küche viel Platz weg.

Druckdurchlauferhitzer

Druckdurchlauferhitzer sind Geräte, die sich erst nach Betätigen des Warmwasserhahnes einschalten und mittels Starkstrom für Gruppen- wie auch für Einzelversorgung warmes Wasser bereiten. Sie zeichnen sich durch ihre kleine, platzsparende Ausführung besonders aus. Weil Druckdurchlauferhitzer keine Warmwassermenge im Sinne des Speichers zur Verfügung halten, ist auch keine Sicherheitsarmatur erforderlich, so daß lästiges Tropfen, wie bei drucklosen und bei druckfesten Speichern einsetzend, entfällt.

Durchlauferhitzer sollten so eingestellt sein, daß sie eine Auslauftemperatur von 45° nicht überschreiten. Rechnet man die Temperatur, die eine Elektrospirale aufbringen muß, um kaltes Wasser zu erwärmen und den Wärmeverlust vom Durchlauferhitzer zur Entnahmestelle, wird man verstehen, daß in diesem Gerät stets größere Hitze herrscht. Es ist leider noch zu wenig bekannt, daß vorhandene verzinkte Eisenleitungen durch heißeres Wasser als 55° beschädigt werden. Das Beschädigen der Innenisolierung – Verzinkung der Rohre – wird durch Herauslaufen von braunem Wasser kenntlich. Außerdem verhärten Kalkteile im Durchlauferhitzer, so daß das betreffende Gerät schneller als üblich entkalkt werden muß.

Vor dem Installieren eines Durchlauferhitzers (das macht der Fachmann) müssen die Montage des Gerätes und die Verlegung der erforderlichen Elektroleitungen vom E-Werk genehmigt werden. Das Genehmigen ist notwendig geworden, weil die in alten Gebäuden vorhandenen Elektroleitungen (weil zum Teil zu klein dimensioniert) nicht mehr genug Strom liefern.

Bei der Installation eines Druckdurchlauferhitzers sollte man davon ausgehen, ihn nicht in den Wasserbereich der Badewanne zu planen. Als Nachteil des Druckdurchlauferhitzers wird die Förderung einer geringeren Wassermenge als die der Zentralversorgung angesehen. Auch der Einbau von Thermostaten, die großen Wasserdruck zur Verfügung haben müssen, ist bei der Verwendung von Druckdurchlauferhitzern nicht sinnvoll. Das gleiche gilt für Gas-Durchlauferhitzer.

Wer einer vorzeitigen Verkalkung des Elektrogerätes entgegenwirken will, dreht nach Entnahme des Brauchwassers den Warmwasserhahn soweit zu, bis das Elektrogerät ausschaltet. Sodann läßt man das heiße Wasser noch etwas durch den Durchlauferhitzer laufen, um das erhitzte Wasser nicht ruckartig im Gerät abzuschalten. Das Erreichen der Siedetemperatur durch zu plötzliches Abschalten wird so verhindert.

Verlegen von Kunststoff-Abflußleitungen

Werkzeug: Eisensäge, Allroundfeile.
Material: LKA-UM-Gleitmittel.

Die Trinkwasserentnahmestelle im Haus ist nicht ausreichend, um den Haushaltsbedarf zu decken. Anfallendes Abwasser muß auch abgeleitet werden. Zu diesem Zweck wurden Abflußrohre aus hitzebeständigem Kunststoff entwickelt. Um eine Verbindung der Rohre untereinander sowie den Einbau von Abzweigen und Bögen, auch Reinigungen und dergleichen zu ermöglichen, formte man an jedes Stück Rohr oder Formstück seitlich eine Muffe an. Die andere Seite bleibt glatt und wird, zwecks besserer Einsteckmöglichkeit in ein anderes Teil, etwas angeschrägt. Verlegt wird grundsätzlich vom Keller zu den Etagen und von dort an die Einrichtungen, wobei das Ende eines Rohres oder Formstückes stets zum Hauptabfluß hin verlegt sein muß.

Das Ende des Abflußstückes wird mit zugelassenem Gleitmittel leicht eingestrichen, das Rohr gemäß der Abbildung in Fließrichtung zusammengesteckt.

Sollte durch Abkürzen eines Rohres (Formstücke sollten nicht verkürzt werden) die im Bild 28 gezeigte Schräge weggeschnitten worden sein, wird mittels feiner Raspel oder grober Feile das Ende wieder angeschrägt. Die Schrägung ist erforderlich, damit der Dichtring nicht aus seiner Halterung weggedrückt wird.

27   *Gleitmittel einstreichen.*

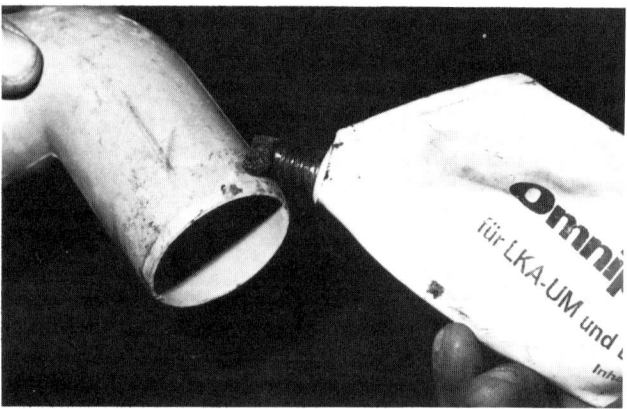

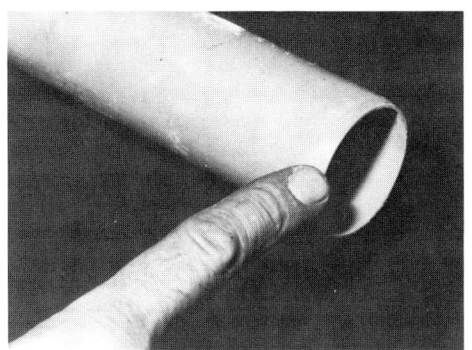

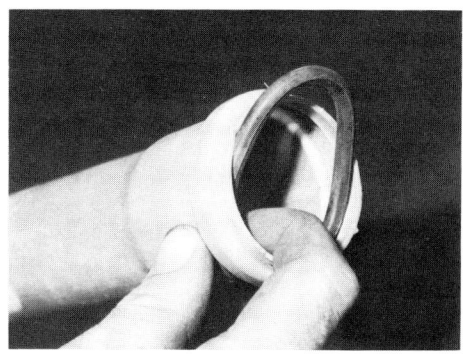

28 *Bei erneutem Abkürzen neu anschrägen.*   29 *Rohr mit Dichtungsring.*

Erfolgt die Anschrägung nicht, so wird der in das Rohr hinein-
gedrückte Dichtungsring eine schnelle Abflußverstopfung verursachen. Außerdem ist das Dichten der Abflußleitung nicht
mehr möglich, und das Abflußwasser läuft statt in den Haupt-
kanal in die Wand.
Der Dichtungsring (Rollring) wird ohne Gleitmittel in die vorgesehene Rille eingelegt. Sitzt er fest, ohne verdreht zu sein, wird
er ebenfalls mit Gleitmittel versehen. Das Zusammenstecken
des Rohres und des Formstückes ist nun keine Schwierigkeit
mehr. Gerades Zusammenstecken ist jedoch zu beachten.
Falls möglich, sollte mittels einer Lampe geprüft werden, ob der
Dichtungsring im Rohr sich nicht herausgedrückt hat.

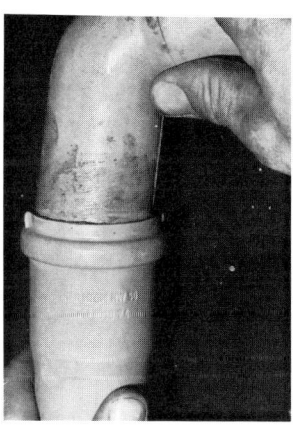

Einsetzen eines Abzweiges in ein PVC-Rohr

30 *Zusammenstecken des Rohres.*

Werkzeug: Allroundfeile, Handsäge mit feinen Zähnen.
Material: 1 PVC-Abzweig, 1 PVC-Doppelmuffe, 3 Gummirollringe, jeweils in der erforderlichen Größe, Gleitmittel.

Es kommt oft vor, daß in einer vorhandenen Abflußleitung ein
zusätzlicher Einlauf benötigt wird. Denn es werden mitunter
unmöglich aussehenden Anschlüsse hergestellt, die meist undicht sind und weil sie keinen sauberen Übergang haben, dauernd verstopfen. Das Ende solch eines Behelfs ist meist eine

31 Durchsägen mit der Handsäge.

komplette Erneuerung des Abflußstückes. In der gezeigten Abbildung wird in eine erdverlegte Leitung ein Abzweig eingesetzt.

Nach Anzeichnen des herauszuschneidenden Rohrstückes (Länge des Abzweiges ohne Muffe ein je nach Platz zusätzliches Paßstück, etwa 20 cm) wird das PVC-Rohr gerade durch-

32 Aufsetzen der Muffe.

32

sägt. Die beiden Enden des verbleibenden Abflusses werden
mit einer Feile neu angeschrägt und mit Gleitmittel leicht eingestrichen. Die Gummiringe werden in die Dichtrille der Muffen
eingelegt, mit Gleitmittel versehen, über den Abfluß hinwegge-
drückt, damit der Abzweig eingesetzt werden kann.
Wie in Bild 33 gezeigt, wurde der Abzweig mit Rollring auf das

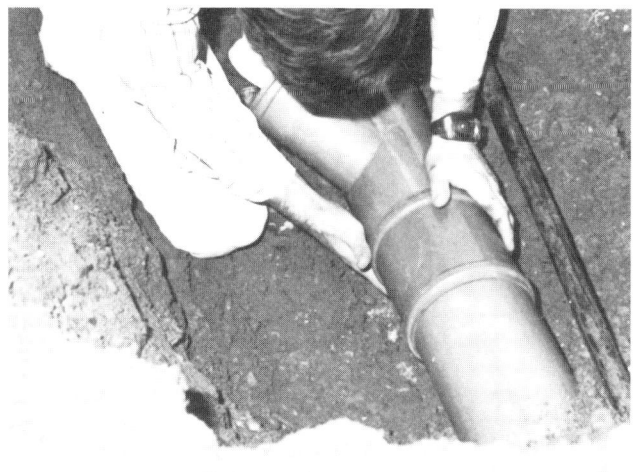

andere Rohrende aufgesteckt. Es war genügend Platz vorhanden, daß der Abzweig ohne Zwischenstück aufgesteckt werden konnte. Zur besseren Überschiebmöglichkeit der Doppelmuffe wird das Ende des Abzweiges mit Gleitmittel eingestrichen.

Die Doppelmuffe wird nun unter leichtem Drehen gerade – um ein Wegrutschen des Dichtringes zu verhindern – über das Abzweigende gezogen. Sicherheitshalber sollte man mit einer Taschenlampe in den Abzweig hineinleuchten, um zu prüfen, ob trotz sorgfältiger Arbeit die Gummirollringe sich nicht aus ihren Rillen gedrückt haben und nun in den Abfluß führen.

Wanne, Zubehör und Armaturen

Reparatur einer Wannenbatterie-Umstellung

Werkzeug: Armaturenzange.
Material: 1 Dichtung nach Muster, Hahnfett.

Im Grundschema ähneln sich die meisten Wannenbatterien. Da der Betätigungsgriff für die Umstellung von Wanne auf Brausestellung ziemlich oft benutzt wird, lockert sich die Abdichtung am Umschaltgelenk. Das austretende Wasser tropft auf den Auslauf und in die Wanne und hinterläßt beim Verdunsten einen häßlichen Kalkstreifen.
Bei dem gezeigten Modell (Bild 35) wird die Armaturenzange auf den Umschalthebel gesetzt und linksherum abgedreht. In dem Stift verbirgt sich ein von außen nicht sichtbares Gewinde. Die darunter befindliche Mutter ist die Haltemutter für die Dichtung. Bei neuen Armaturen reicht es, diese Mutter im Uhrzeigersinn anzuziehen. Bei älteren Modellen sollte die Mutter linksherum abgedreht werden, damit die Dichtung sich überprüfen läßt.
Die Mutter, eine als Kugel ausgebildete Übersetzung, wird auf die Dichtung gepreßt und gewährleistet somit eine Dichtigkeit durch Heben und Senken des Hebels. Die Verlängerung des Hebels endet in einem Kunststofftoil, das durch die Stellung

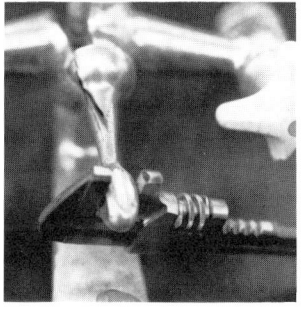
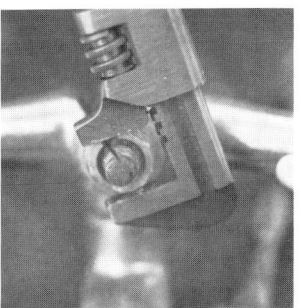

35 Lösen des Umschalthebels (links).

36 Haltemutter (rechts).

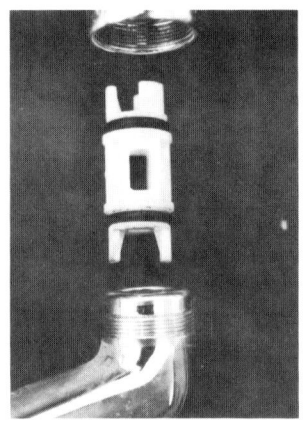

37 *Gummidichtung abziehen.*

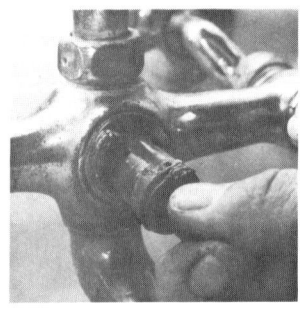

38 *Alte Batterie.*

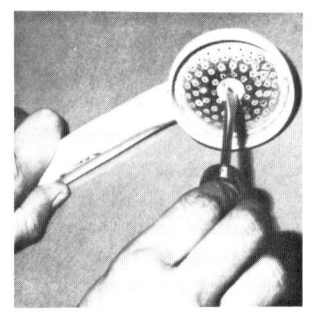

39 *Lösen der Halteschraube.*

des Umstellhebels jeweils den Wannen- oder Brauseauslauf verschließt. Nach Lösen der Haltemutter kann die gesamte Betätigung nach vorn herausgezogen, von Kalkansatz befreit, mit Hahnfett bestrichen und wieder eingesetzt werden.

Manche Batterien haben statt der Kunststoff-Dichtung einen Gummiring. Soll er erneuert werden, kauft man den Ersatz am besten nach Muster. Das Ausbauen eines Kunststoff-Umstellkegels kann nur nach Abschrauben des Wannenauslaufes erfolgen. Der Kegel wird dann einfach nach unten herausgedrückt. Die Gummidichtungen (Bild 37) lassen sich abziehen und können so leicht erneuert werden.

Viele Batterien haben am Auslauf einen eingeschraubten Strahlregler (Mischdüse oder Perlator). Da dieser leicht verstopft, sollte er in bestimmten Abständen zwecks Reinigung linksherum abgedreht werden.

Alte Wannenbatterien sind noch vorhanden, bei denen das Umstellen der Brause durch Umlegen eines Hebels von links nach rechts geschieht. Der Hebel bewegt ein Messingküken mit entsprechenden Auslaßschlitzen. Der Umstellhebel wird mit einer einfachen Schraube gehalten, so daß man nach Lösen dieser Schraube den Betätigungshebel nach vorn abziehen kann. Um das Küken herausziehen zu können, wird die Überwurfmutter linksherum abgeschraubt. Manche Überwurfmuttern wurden mit einer kleinen Madenschraube, die seitlich in die Mutter eingeschraubt ist, zusätzlich gehalten. Diese ist zuvor zu lösen. Nach Einstreichen mit Hahnfett werden Mutter, Schraube und Hebel montiert, so daß wieder eine gut funktionierende Armatur verfügbar ist.

Reinigen (Entkalkung) von Brausesieben

Werkzeug: Schraubenzieher 5,0 × 90, Nadel.
Material: Entkalkungsmittel.

Bekanntlich setzt der Kalk sich im Wasserrohr an und bewirkt, daß die Wasserleitung innen allmählich enger wird. Noch schlechter ist es, sind solch kleine Löcher wie im Brausesieb vorhanden. Der am Sieb angesetzte Kalk verursacht, daß das Wasser spritzt und durch die entstandenen verengten Sieblöcher nicht mehr genügend Wasser läuft. Das wiederum hat zur Folge, daß wasser- und druckgesteuerte Durchlauferhitzer abschalten.

Mit wenigen Handgriffen läßt sich das Sieb jedoch reinigen: Dazu werden mit dem Schraubenzieher die Halteschrauben linksherum gelöst und herausgedreht. Das Sieb kann nun nach vorn abgehoben und etwa eine Viertelstunde lang in Entkalkungsmittel gelegt werden. Jetzt werden die Kalkansätze mit einem groben Lappen entfernt und die Löcher mit einer Nadel durchstochen.

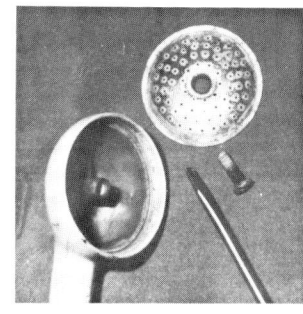

40 Siebreinigung.

Kohlebadeöfen – Hinweise und Reparatur

Werkzeug: Armaturenzange.

Bevor eine Reparatur an einem Kohlebadeofen vorgenommen wird, sollte man sich über seine Funktion informieren: Zum Beispiel, wenn man den Warmwasserhahn aufdreht, läuft in Wirklichkeit kaltes Wasser in den Ofen ein . . . und so weiter.
Ein Kohlebadeofen ist im Grunde nichts anderes als ein geschlossener Topf mit Einlauf zur Badewanne. Durch das Einlaufen von kaltem Wasser läuft der Topf über, so daß das heiße Wasser in die Wanne laufen kann.
Der Badeofen besteht aus einem Oberteil, dem Zylinder, und einem Unterteil, der Feuerung. Von der Feuerung aus führt genau in der Mitte durch den Zylinder ein Rohr, das am Kamin oben angeschlossen ist. Von diesem Feuerraum aus erwärmen die Abgase das im Badeofen befindliche Wasser. Der Wasserzulauf wird mittels eines Verbindungsröhrchens von der Hausleitung an die Batterie herangeführt. Dort wird es durch einen Hahn am Austreten gehindert. Wird der mit einem roten Punkt gekennzeichnete Hahn (Warmwasser) aufgedreht, läuft kaltes Wasser durch ein Rohr in den unteren Teil des Ofens und drückt das darüber befindliche, meist erhitzte Wasser durch einen Anschluß im oberen Teil des Zylinders heraus. Von dort läuft es über ein Ablaufrohr in die Batterie zurück, von wo aus es mittels eines Umstellhebels entweder über den Wannenauslauf oder über die Brause in die Badewanne einläuft. Aus dieser Schilderung geht hervor, daß es sich beim Kohlebadeofen um ein druckloses Gerät handelt. Der Kohlebadeofen darf keinerlei Druckschläge oder Wasserleitungsdruck bekommen, sie würden ihn zerstören.
Warum sind im Brausekopf der Handbrause Schlitze? Von der technischen Seite her haben diese Schlitze die Funktion, daß über die Brause überlaufendes Wasser auch dann Austritt hat,

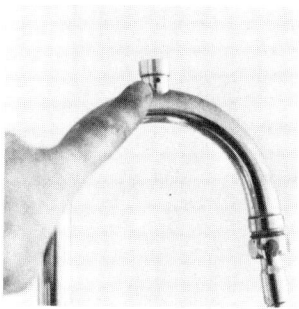

41 Belüftungsventil.

42 Mutter für die Stopfbuchsenabdichtung.

37

wenn die Schlitze zugehalten werden. Würde das Auslaufen des Wassers durch Zuhalten des Brausekopfes verhindert werden, entstände ein Druckanstieg des Wassers bis auf den Druck der Hausanlage (etwa 4 atü). Solch ein hoher Druckanstieg würde das Abgasrohr im Badeofen eindrücken und den Kohlebadeofen zerstören. Wasser braucht nicht unbedingt an einer defekten Stelle herauszutreten, doch ist der Defekt auch am nicht mehr abziehenden Rauch festzustellen. Aus diesem Grunde sollte stets auch auf einen einwandfreien, nicht geknickten Brauseschlauch geachtet werden. Durch Knicken des Brauseschlauches entsteht ebenfalls Überdruck.

Bei Kohlebadeöfen sollten nur Metallschläuche, keine Kunststoffschläuche ohne Metalleinlage, zum Einsatz kommen. Außerdem ist auf die Größe, es sind nur 12 mm Durchmesser erlaubt, zu achten. Das Montieren von Massageköpfen oder modernen Handbrausen ohne Sicherheitsauslaßschlitze ist nicht gestattet.

Fehlerbeseitigung an Kohlebadeöfen

Typische Störanzeige	Defekt	Ursache	Behebung
Rauch zieht nicht mehr richtig ab	Abgasrohr mit Ruß verstopft	Holz und Kohle wird zur Flugasche, die sich im Rohr absetzt	Reinigungsbürste bis in den Hauptkamin einführen und Ruß entfernen
Rauch zieht nicht mehr richtig ab	Kamin zieht nicht richtig	Bei Temperaturschwankungen kann der Kamin nicht mehr ziehen. Nachsehen, ob Reinigungsklappen offen sind	Reinigungsklappen sorgfältig einsetzen, in alte Klappen Asbestschnur einlegen
Rauch zieht nicht mehr richtig ab	Abgasrohr ist im Kohlebadeofen eingedrückt	Brauseschlauch geknickt – Handbrause wurde zugehalten oder falscher Brausekopf montiert	Ursache feststellen. Zugelassene Armaturen montieren
Der Außenmantel hat eine Beule	Außenmantel nach innen eingedrückt	Unterdruck im Kohlebadeofen. Belüftungsventil defekt. Schlauch lag im Wasser	Belüftungsventil abschrauben und durch ein neues ersetzen. Rückschlagventil am Hauptabsperrhahn im Keller vom Installateur nachsehen lassen

Knatterndes Geräusch bei Betätigung des Kalt- oder Warmwasserventils	Dichtungskegel in der Armatur verschlissen	Abnutzung durch normalen Verschleiß	Batterie erhält neue Oberteile
Nach Bedienen des Umstellhebels auf »Wanne« läuft das Wasser auch aus der Brause (oder umgekehrt)	Dichtungsringe auf dem Umstellschiff in der Batterie defekt	Verschleiß	Neue Dichtung auflegen
Nach Bedienen des Umstellhebels auf »Wanne« läuft das Wasser auch aus der Brause (oder umgekehrt)	Stopfbuchse an der Umstellung locker	Verschleiß der Stopfbuchsenabdichtung. Dadurch fehlt der notwendige Schließdruck	Stopfbuchse nachziehen. Wenn nicht mehr möglich, Stopfbuchse erneuern
Brennstoff brennt zu schnell ab	Kaminzug zu stark	Zu hoher Kaminzug entsteht bei hohen Gebäuden oder hoher Temperaturdifferenz innen und außen	Schieber mit Sicherheitsdurchlaß am Kohlebadeofen einbauen
Wasser tropft aus dem Umstellhebel	Stopfbuchse undicht	Entweder ist die Stopfbuchse verschlissen oder die Gegenmutter zu lose	Stopfbuchse erneuern oder Haltemutter anziehen
Es läuft zu wenig Wasser in den Ofen	Einlaufdüse zu	Schmutzeinschwemmung	Druckdüse ausbauen und reinigen
Nasser Brennstoff im Feuerraum	Ofenzylinder undicht	Der Ofen wurde zu hoch geheizt oder ist durchgerostet	Ofen demontieren, Kupferöfen löten, Stahlöfen erneuern

Waschtisch-Armaturen
und Zubehör

Reparatur einer Exenter-Hebel-Dichtung
(WT-Batterie)

Werkzeug: Armaturenzange, Schraubenzieher 5,0 × 90.
Material: 1 Dichtung nach Muster und etwas Öl.

Verchromte Abflußstopfen in Waschbecken, die sich wie »von
Geisterhand« heben und senken, funktionieren meist nur noch
kurze Zeit. Bald läßt sich der Betätigungsknopf an der Batterie
nicht mehr bewegen –, oder der verchromte Stopfen fällt immer
wieder zurück –, oder die Abdichtung am Siphon ist undicht und
tropft.
In den meisten Fällen liegt die Ursache an der Verschraubung
(Bild 43). Sie ist entweder zu locker angezogen oder die innenliegende Dichtung ist defekt. Im ersteren Fall reicht das Nachziehen mit einer Armaturenzange. Hilft das nicht, wird die Verschraubung linksherum gelöst und der Ablaufstopfen aus dem
Becken entfernt. Am Ende des Hebelgestänges befindet sich
die Verbindung des von oben kommenden Betätigungshebels
mit dem Übersetzungshebel für den Stopfen. Verbindungteile
gibt es in vielen Ausführungen. Die meistgebräuchlichste (Bild

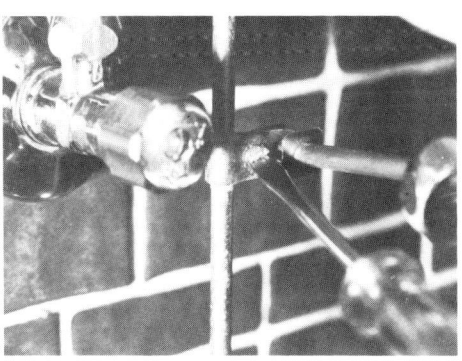

43 Nachziehen mit Armaturenzange.   44 Gelenkteil mit zwei Schrauben.

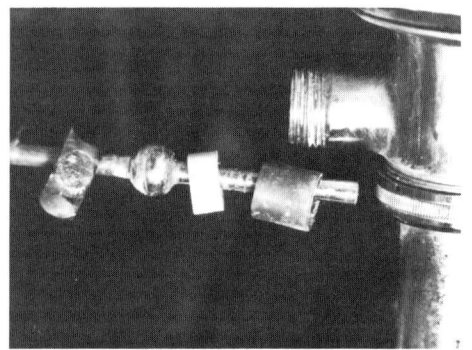 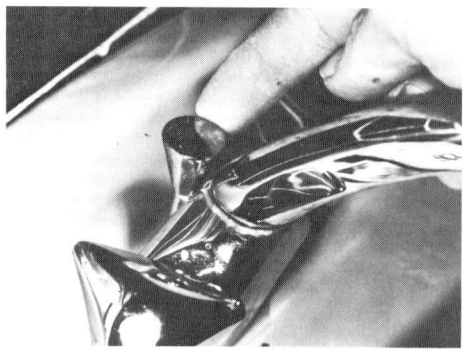

45 Hebelstange nach hinten herausziehen.   46 Betätigungshebel.

44) ist ein Gelenkteil mit zwei Schrauben. Wird die Halteschraube der waagerechten Stange gelöst, kann die Hebelstange nach hinten aus dem Armaturenteil herausgezogen
werden. Bild 45 zeigt von links nach rechts die Verschraubung,
die gelöst wurde, eine Verdickung auf der Hebelstange als Kugel, die als Dichtfläche gegen die Dichtung gedrückt wird, sowie die aus Kunststoff oder Leder bestehende Dichtung und
eine Führungsbuchse. Die Dichtung kann leicht abgezogen
und gegen eine neue ersetzt werden.
Beim Zusammenschrauben der Übersetzung ist auf die Stellung der nach oben führenden Stange zu achten. Ganz eingedrückt heißt »Stopfen auf«. Ebenso ist die waagerechte Stange
ganz nach unten zu drücken, und anschließend werden die
beiden Halteschrauben angezogen. Erhält das Loch des Ar-
maturengehäuses ein paar Tropfen Öl, läßt sich die Stange
leichter hochziehen beziehungsweise herunterdrücken.
Auch der Stopfen ist zu beachten. Dieser hat zusätzlich eine
Dichtung, die man gelegentlich kontrollieren muß. Im allgemeinen ist solch eine Dichtung nicht vorhanden. Die Abdichtung
erfolgt durch werkseitiges, genaues Abfräsen – metallisch. Mittels der aus dem Stopfen herausragenden Schraube kann
durch Verdrehen die Schließ- und Höhenstellung eingestellt
werden. Die kleine Gegenmutter wird nach dem Einstellen
wieder angezogen, damit sich die Schraube nicht selbsttätig
verdrehen kann. Diese Stopfen sind auch bei Wannen-Exen-
ter-Abläufen üblich. Das Einstellen erfolgt, wie beschrieben, allerdings nur am Stopfen.

Stopfbuchsen-Reparatur an Wasserhähnen

Werkzeug: Armaturenzange, Schraubenzieher 5,0 × 90.

Bei normal gebräuchlichen Wasserhähnen (in der Fachsprache Zapfventile) sind die einfachsten Ausführungen jeweils mit Stopfbuchse versehen. Bild 47 zeigt, daß hier lediglich mit einem passenden Schlüssel die Kontermutter rechtsherum anzuziehen ist. Läßt sich die Kontermutter nicht mehr anziehen, sollte mittels Graphitschnur folgendermaßen repariert werden.

Zuvor wird das Wasser abgestellt:

1 Befestigungsschraube des Handrades (oder Knebelgriff – es gibt verschiedene Griffarten – Bild 48) linksherum lösen.
2 Handrad nach oben abziehen.
3 Kontermutter linksherum lösen und nach oben abziehen.
4 Je nach Verschleiß der Stopfbuchse, 3 bis 4 cm Schnur abschneiden und rechtsherum mit dem Schraubenzieher in die Spindelöffnung eindrücken.
5 Kontermutter wie beschrieben fest aufdrücken und anziehen. Handrad wieder montieren. Nicht vergessen, das Wasser jetzt wieder aufzudrehen.

47 Kontermutter anziehen.

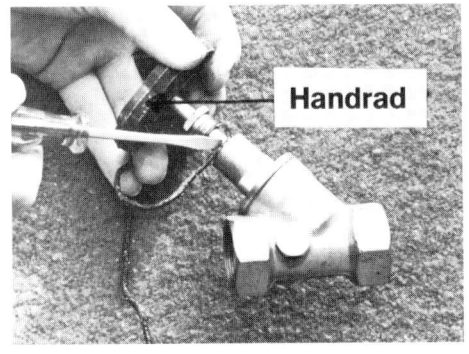

48 Hier ist eine Reparatur nötig.

49 Absperrventil unter dem Waschtisch.

Wasserhähne – Dichtung erneuern

Werkzeug: Armaturenzange, Wasserpumpenzange.

Mit einer Armaturenzange wird das Oberteil des alten Wasserhahnes gelöst. Nach weiteren Drehungen läßt es sich nach oben abziehen. Sollte das Oberteil beim Lösen klemmen, ist die Dichtung durch das Andrücken breiter geworden und bleibt in der Öffnung stecken.

Mit einer Zange wird das Teil, auf dem die Dichtung montiert ist, festgehalten und mit einem Schlüssel wird die Halteschraube abgedreht. Die Dichtung wird abgezogen und durch eine neue ersetzt. Bevor man die Drehteile wieder festdreht, sollte man sie einfetten. Dadurch wird ein weiches Drehen der Spindel erreicht. Halteschraube anziehen.

Bei der Ausführung mit Haubengriff (Bild 52) löst man die verchromte Hülse. Ein exzentrischer Vorsprung verhindert das Abfallen der Hülse. Er wird bei der Montage wieder eingehakt. Bei einigen Oberteilarten ist es möglich, den verchromten Kopf ruckartig nach vorn abzuziehen. Das darunterliegende Messingteil ist durch Linksdrehung herauszunehmen.

Im Messingteil ist ein Kegel mit Dichtung enthalten. Durch Drehen an der Spindel wird er hinein- und herausgedreht, die Dich-

50 Lösen des Hahnoberteils mit Knebelgriff.

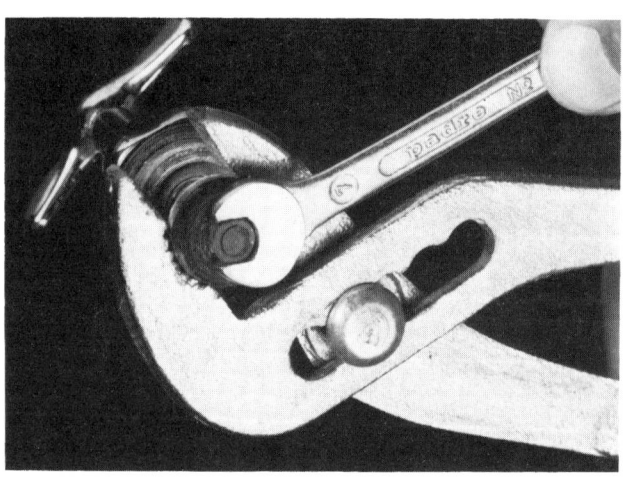

51 Dichtung im Hahnoberteil erneuern.

44

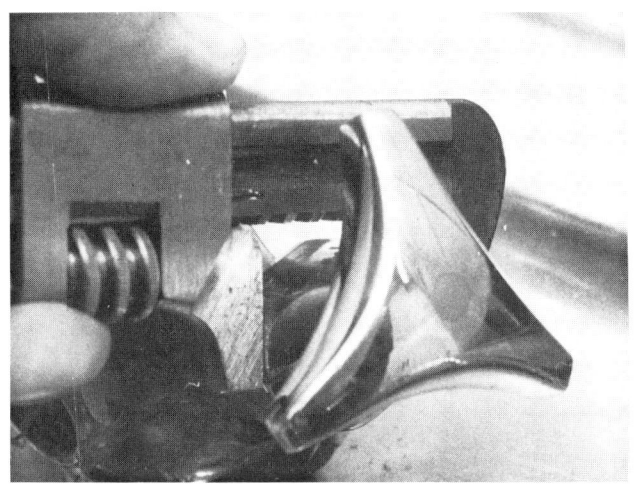

52 *Ausführung mit Haubengriff.*

tung wird auf den Sitz gepreßt, und dadurch wird das Wasser abgesperrt.

Im Handel gibt es verschiedene Kegel, sie sind aber für die gleiche Funktion verwendbar. Um die Dichtung zu erneuern, ist die Halteschraube zu lösen. Auch hier sollten alle beweglichen Teile eingefettet werden.

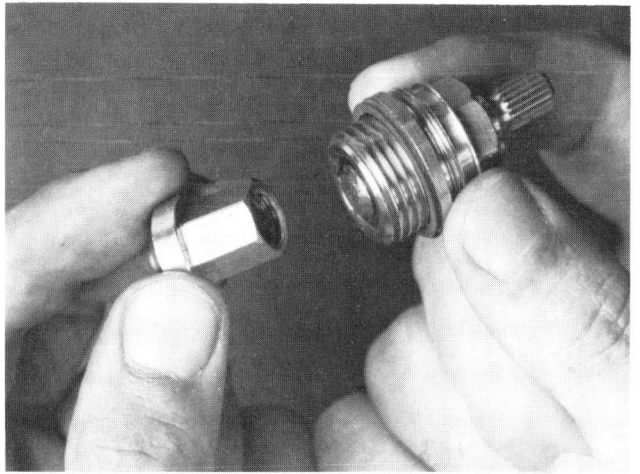

53 *Der im Messingteil enthaltene Kegel mit Dichtung.*

54 *Diverse Kegelausführungen.*

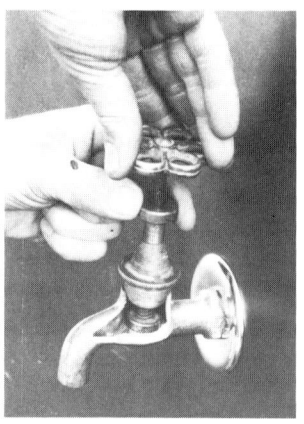

55 Andruckschraube lösen.

56 Fräser mit passender Frässcheibe auf das Hahnoberteil setzen.

57 Frässcheibe fest auf den defekten Dichtungssitz drücken und das Handrad drehen.

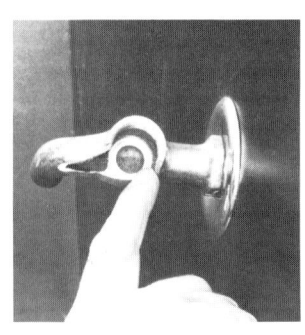

58 Dichtungssitz nochmals kontrollieren.

Wasserhähne – Sitz ausfräsen

Werkzeug: Hahnsitzfräse $1/2''$.

An tropfenden Wasserhähnen muß nicht immer nur die Dichtung defekt sein. Sollten sich beispielsweise Schmutzteile auf dem Dichtungssitz festsetzen, werden sie, um ein Dichtschließen zu erreichen, meist mit Gewalt in den Messingsitz des Hahnes eingepreßt und beschädigen ihn.

Mit einem Handfräser sollte in solchen Fällen der Dichtungssitz wieder sauber glattgefräst werden. Bei neuen beziehungsweise qualitativ guten Armaturen ist Auswechseln nicht erforderlich.

WC, Zubehör und Armaturen

Reparatur – Spülrohrverbindung

Werkzeug: kleine Bügelsäge, 15 cm, für Eisen (PUK-Säge).
Material: 1 Spülrohrverbinder – Größe nach Maß, mit oder ohne
Rosette, schwarz oder farbig.

Bei der Einlaufverbindung des Spülrohres ins WC-Becken
werden oft die eigenartigsten Abdichtungsmethoden erfunden.
Die einfachste und zugleich dichteste Art besteht aus einer
Gummi-Quetschdichtung, die in verschiedenen Größen und
Ausführungen zu haben ist. Auf zwei Größen ist bei der
Quetschdichtung zu achten: a Außengröße = Innengröße des
WC-Einlaufes, b Außengröße des Spülrohres.
Nachdem die alte Abdichtvorrichtung abgeschraubt wurde
(alte, verrostete Eisenhalter mit kleiner Bügelsäge durchsä-
gen), wird der Innendurchmesser des WC-Stutzens (Bild 60)
ausgemessen; ebenfalls der Außendurchmesser des einlau-
fenden Rohres, zum Beispiel Druckspülerrohr, Einlaufrohr von

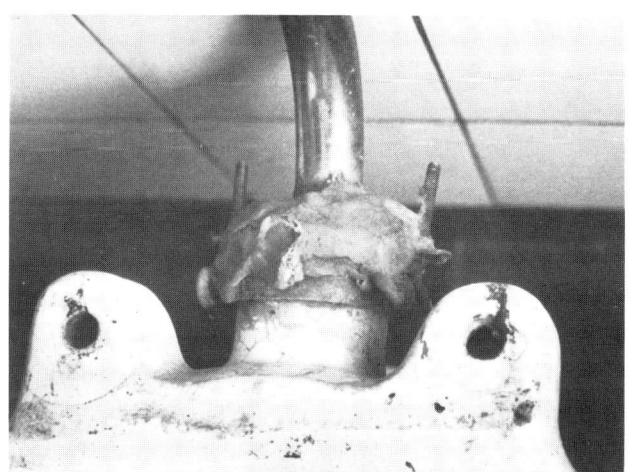

59 »Fensterkitt« verstopft auch
große Löcher.

60 Ausmessen des Innendurch-
messers.

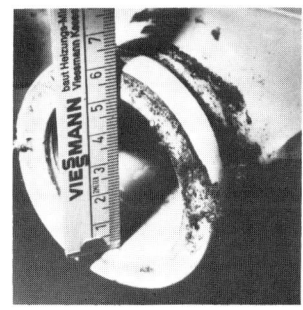

61 Eine Auswahl Dichtungen.

Tiefhängespülkasten, Bleirohr von hochhängendem Spülkasten. (Alle Einläufe haben verschiedene Größen.)
Bild 61 zeigt einen Teil der im Handel erhältlichen Dichtungen. Die genaue Bezeichnung heißt Spülrohrverbinder. Es gibt folgende Ausführungen: Euro-Verbinder, Mület-Trumpf-Verbinder und Grohe-Einfach-Verbinder mit schönen Rosetten und in unterschiedlichen Farben.
Der jeweilige Verbinder wird nach Säubern des WC-Stutzens in diesen eingesteckt und festgedrückt. Fertig!
Das Spülrohr wird nun mit ein wenig Seife bestrichen und nicht zu tief in den Stutzen eingeschoben, damit die im WC-Körper befindlichen Wasserwege zur Rand- und Schüsselspülung nicht verengt werden.

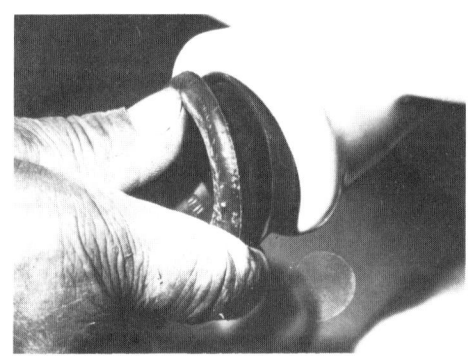

62 Verbinder einstecken ...

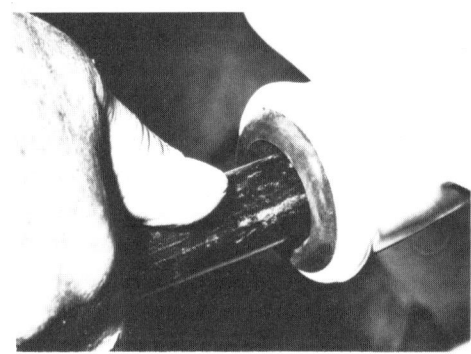

63 ... Spülrohr einschieben.

Druckspüler-Reparatur (Modell »Dal« oder »Benkieser«)

Werkzeug: Armaturenzange, Schraubenzieher 5,0 × 90.

Wenn es in der Wohnung oder im Haus knallt, während man den Druckspüler betätigt, liegt die Ursache meist darin, daß der Druckspülerkolben defekt ist. Durch die Schläge entsteht eine Druckwelle in der Wasserleitung, die die Schaltarmaturen der Geräte zerstören kann. Man besorgt sich einen neuen Kolben, der, wie nachstehend beschrieben, einzusetzen ist:
Wasser absperren; Kappe linksherum abdrehen; Feder herausnehmen; Halteschraube des Kolbens lösen; Kolben nach oben herausziehen; neuen Kolben (nach Muster) besorgen und wieder einsetzen; Halteschraube rechtsherum aufdrehen, gleichzeitig Drückerhebel leicht nach unten drücken, damit der Gewindestift etwas höher kommt; Feder einsetzen; Deckel mit Dichtung aufschrauben; Wasser aufdrehen.

64 Die Halteschraube des Kolbens lösen.

65 Der Kolben wird entfernt.

DAL-Voll-Automatic-Spüler ³/₄″, Modell 622.03.000
Standardmodell   DIN-DVGW 232

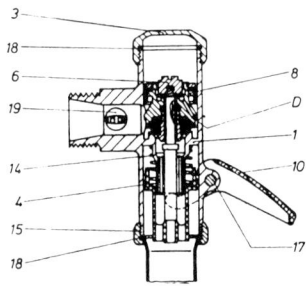

Einzelteile

3 Deckel 14.01.03
4 Hülse kompl. 05.05.07
6 Entlastungskegel
  kompl. 04.10.02
8 Kolben kompl. 05.01.04
10 Hebel 01.05.28
14 Feder 16.01.25
15 Abgangsmutter 22.20.15
17 Hebelschraube 28.05.02
18 Deckel- und Abgangs-
   dichtung 14 12 15
19 Eingangsdrossel 14.35.12
24 Drosselkappe 20.01.02

66 »Dal«-Standardmodell.

Ausbau eines Unterputz-Druckspülers

Werkzeug: Schraubenzieher 5,0 × 90, Eckschwedenzange 1″.
Material: Spüler (zum Installateur bringen), 2 neue Dichtungen
nach Muster.
Von manchen Unterputz-Druckspülern, zum Beispiel dem Modell »DAL 3663 E«, sieht man nur die Abdeckplatte mit dem Be-
tätiger. Bei einigen Benutzern kann es mangels Wartung bei
jeder Betätigung munter in die Hauswand laufen. Das wird ge-

67 Abdeckplatte eines Unterputz-
Druckspülers (links).

68 Der Spüler (rechts).

wöhnlich dadurch verursacht, wenn sich Kalk– und Schmutzteile im unteren Teil des Spülers festgesetzt und den Durchlauf
zum Spülrohr verengt haben. Es entsteht ein Rückstau, durch
den Wasser am Spüler austritt. Auch bei einem Unterputz-
Druckspüler in Verbindung mit wandhängendem WC sollte
man stets vor Reparaturen an der Wasserinstallation das Wasser absperren.
Zum Ausbauen werden die vier Schrauben in der Abdeckplatte
herausgedreht und die Platte nach vorn abgezogen. Der Betätigungshebel sitzt fest am darunter befindlichen Druckspüler.
Der Spüler befindet sich in einem Kunststoffkasten. Er ist ge-
räuschdämmend installiert. Das ist übrigens die empfindliche
Stelle des Spülers, weil aus den Luftansaugebohrungen bei
Defekt das Wasser austritt und meist unbemerkt in den Kasten
läuft. Durch die für das abgehende Spülrohr seitlich befindliche
Öffnung kann das Wasser überdies in die Wand laufen.
Die untere Verschraubung läßt sich linksherum lösen. Sie verbindet das Spülrohr mit dem Spüler. Die innenliegende Dichtung wird herausgenommen und erneuert. Aus dem Kasten
herausnehmen läßt sich der Spüler, wenn die rechte Verschraubung ebenfalls gelöst und abgeschraubt wird. Auch hier
befindet sich eine Dichtung, die gleichzeitig erneuert werden
sollte.
Der Spüler sollte nach Feststellen eines Defektes jedoch unbedingt vom Installateur repariert werden.

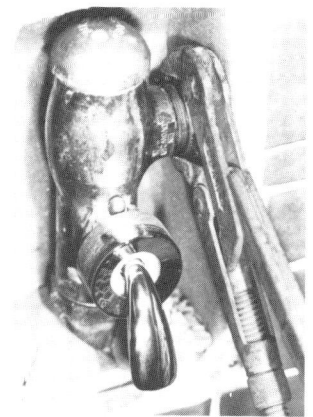

69 Verschraubung unten . . .
(links).

70 . . . und rechts oben lösen
(rechts).

51

Reparatur Hochhängender Spülkasten

Werkzeug:Schraubenzieher 5,0 × 90, Wasserpumpenzange.
Material: Schwimmer, Schwimmerkugel, Dichtungen (gemäß
Muster).
Läuft, ohne die Spülung zu betätigen, ein dünner Wasserstrahl
ins WC, ist entweder die Glockendichtung oder der Schwimmer
defekt. Der Schwimmer läßt Wasser über ein Einlaufventil in
den Kasten einlaufen. Dadurch steigt der Wasserspiegel im
Kasten und hebt den Schwimmer an, der dann über ein Ge-
stänge das Einlaufventil schließt. Ist die Dichtung defekt, läuft

71 Schwimmereinstellung.

72 Glocke.

73 Schwimmerkugel.

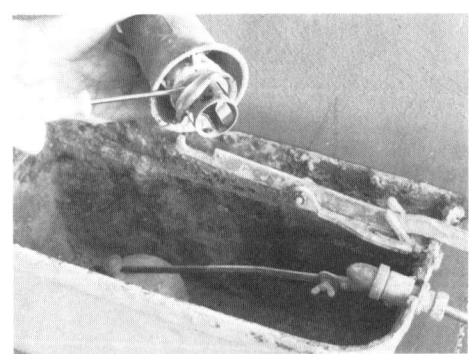
74 Dichtung.

dauernd Wasser nach, das, wenn der Höchststand überschritten wird, durch die Glocke ins Spülrohr überläuft.
Es kann aber auch die Schwimmerkugel defekt sein, so daß diese sich voll Wasser saugt und nicht mehr steigt. Mitunter behebt bereits eine Korrektur der Schwimmereinstellung diesen Defekt.
Bei Höheneinstellung des Schwimmers Einstellschraube lösen, das Gegenstück zum Ventil festhalten und das Schwimmergestänge bedarfsweise nach oben oder unten verändern. Schraube festziehen. Ventil muß nach Einlaufen von neun Litern (= 3/4 voll) schließen. Erforderlichenfalls die Einstellung nochmals korrigieren.
Die Glocke kann durch Abheben und seitliches Abschwenken, eventuell auch durch Entfernen der Befestigungsschraube des Hebelbockes ausgebaut werden. Das Erneuern der Schwimmerkugel ist durch Lösen der Haltemutter verhältnismäßig problemlos.
Bei Neueinbau ist zu beachten, daß der Schwimmer einwandfrei hochsteigt und nirgends anstößt. Die im Bild 74 gezeigte Dichtung kann mühelos abgezogen und erneuert werden. Sie sollte am Boden des Kastens sauber sitzen. Alte Kalkansätze sind deshalb zuvor zu entfernen.
Die Schwimmerdichtung befindet sich im Einlaufventil. Um die Dichtung auszuwechseln, löst man einfach die Überwurfmutter unter gleichzeitigem Gegenhalten mit einer zweiten Zange!

75 Lösen der Überwurfmutter.

Reparatur Tiefhängender Spülkasten

Werkzeug: Schraubenzieher 5,0 × 90, Wasserpumpenzange.
Material: Schwimmer, Schwimmerkugel, Dichtungen (gemäß Muster).

Weiterentwicklungen zum hochhängenden Spülkasten sind Tiefhängespülkästen, die heute meist eingebaut werden. Innen isoliert, sind sie geräuschlos beim Einfüllen. Auch deshalb, weil viel Wasser in kurzer Zeit mit wenig Fallhöhe in das WC einläuft.
Da die Grundfunktion des hochhängenden Spülkastens auch hier weitgehend zutrifft, kann auf nähere Einzelheiten verzichtet werden. Der Ausbau von Dichtungen und Schwimmerkugeln geschieht, je nach Befestigungsart, zumeist aber

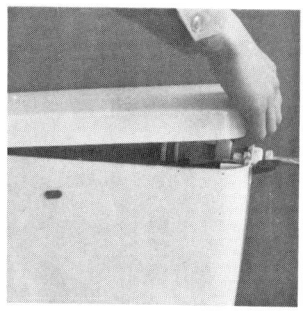

76 Abnehmen des Deckels.

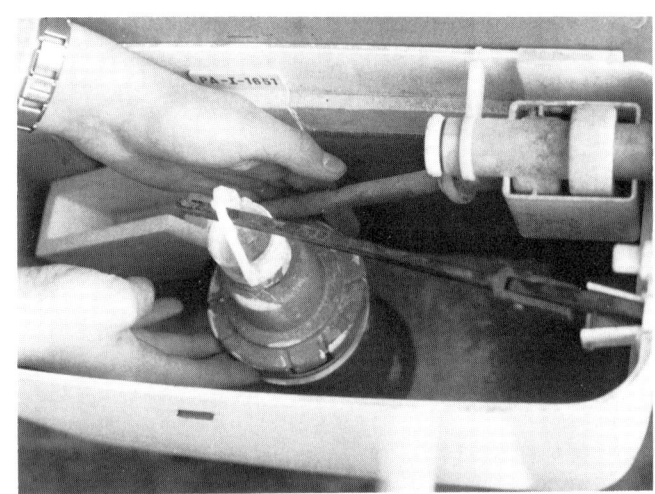

wie im Abschnitt »Reparatur hochhängender Kästen« beschrieben.

Das Öffnen des Kastens geschieht im allgemeinen durch Hochziehen des Deckels. Es gibt auch Ausführungen, deren Kastendeckel oben durch zwei Schrauben befestigt sind,

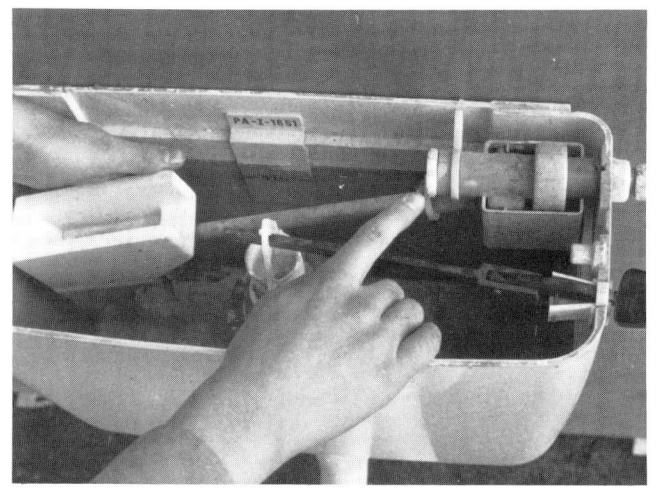

auch solche, bei denen das Glockenoberteil nach oben abgezogen wird. Die Glockenausführungen sind unterschiedlich, zum Beispiel mit Gewinde am Boden, zum Abdrehen, zum Ausziehen und andere. Die darunter befindliche Bodendichtung wird abgezogen und eine neue über den Rand eingezogen. Der weiße Teller ist nicht abschraubbar.

Andere Fabrikate haben eine Halbkugel als Dichtung, die sich von der Zugstange abschrauben läßt. Das Verstellen der Wasserstandshöhe erfolgt durch Drehen des Rades. Der höchste Wasserstand ist in den meisten Kästen markiert. Der im Handel erhältliche Schwimmer (»Dal«) paßt auf Hoch- und Tiefhängespülkästen.

Erneuerung eines Rohrbelüfters

Werkzeug: Armaturenzange.

Sofern aus einem Rohrbelüfter Wasser austritt, sollte er durch einen neuen ersetzt werden. Denn schlecht reparierte Belüfter können mehr Schaden anrichten als neue kosten. Rohrbe- und -entlüfter treten nur bei großer Druckschwankung in Aktion, zum Beispiel wenn Wasser abgesperrt und die Leitung entleert oder wenn eine drucklose Wasserleitung wieder aufgefüllt

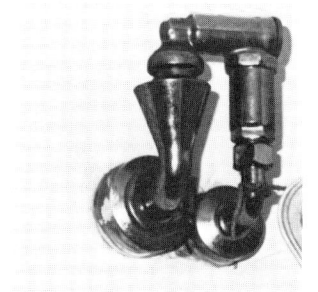

80 »Mehrzweck«-Rohrbe- und -entlüfter mit Ablauftrichter.

55

wird. Ein Schwimmer im Be- und Entlüfter läßt dann die Luft aus der Leitung heraus, weil Luft in Wasserleitungen zu Korrosions- und Schlagbildung führen kann.

Es gibt Rohrbe- und -entlüfter mit und ohne Ablauftrichter. Die Trichter sollen Tropfwasser auffangen, das durch eine Leitung zu einem verchromten Auslauf geführt wird, der im Bad meist über der Wanne oder in der Küche über der Spüle angebracht ist. Läuft oder tropft aus dem Auslauf ständig Wasser, ist entweder die Dichtung im Belüfter defekt oder es sitzt ein Schmutzkorn davor. Falls eine Reparatur nicht zu umgehen ist, muß allerdings der Installateur verständigt werden.

Sanitäre Einrichtungs-Erneuerung

Badewanne

Werkzeug: Eckschwedenzange 1″, Zollstock, Wasserpumpenzange, Schraubenzieher 6,0 × 100.
Material: 1 Stück weiß- oder farbig-emaillierte Stahleinbau-Badewanne, Größe zum Beispiel 1,70 × 0,75, Körperform oder normal, 1 Stück Ab- und Überlaufgarnitur mit oder ohne Siphon, je nach Ausführung des Abflusses, 100 g Kunststoffkitt.

Badewannen werden mit der Zeit stumpf und unansehnlich. Wer nicht die Hilfe eines sogenannten Wannendoktors zwecks Neubeschichtung in Anspruch nehmen möchte, sondern die alte Wanne gegen eine neue austauschen will, kann folgendermaßen vorgehen:
Nach Entfernen der vorgesetzten Wannenverkleidung werden die Erdung, der Abfluß und die Wannenfüße entfernt und der Abdichtungskitt von Wanne zur Platte, zwischen Wanne und Wand, mit einem scharfen Messer abgetrennt. Jetzt kann die Wanne zur Seite herausgezogen werden.

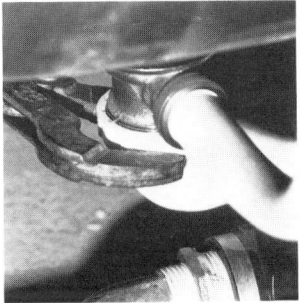

81   Lösen der Überwurfmutter.

Bei einer einplattierten Wanne werden noch die Platten abgeschlagen. Wer sehr vorsichtig ist, braucht nur Vorder- und Seitenfront sowie eine Reihe Platten über der Wanne abzuschlagen.
Sind die Platten oder die Verkleidung entfernt, wird mittels Zange die Überwurfmutter des Ablaufes am Überlaufventil gelöst und linksherum abgedreht.
Die Wannenstützen mancher Modelle lassen sich leicht zur Seite bewegen, so daß die Wanne mühelos herausgezogen werden kann. Die Erdung zu zeigen, ist gemäß der VDE-Vorschriften nicht zulässig. Das Lösen der Kabel kann jedoch jeder selbst vornehmen. Mit dem Neuanschluß ist dagegen grundsätzlich ein zugelassener Elektriker zu beauftragen.
Wenn die Wanne entfernt ist, wird zunächst der alte Kittrand von der Wand beseitigt. Die freiliegenden Leitungen werden auf Dichtheit geprüft. Bevor die neue Wanne aufgestellt wird, ist die Ab- und Überlaufgarnitur zu installieren. Dabei wird mit dem Bodenablauf begonnen. Die Runddichtung legt man in

82   Einsetzen der Runddichtung.

83 Verbindung zum Überlaufrohr.

*84 Verschraubung mit der Rohr-
zange anziehen.*

*85 Halterosette anbringen und
Kette einhängen.*

das von unten an die Wanne zu installierende Ablaufventil ein
und befestigt von der Wanneninnenseite mittels Schraubenzieher die Befestigungsschraube des mit Kitt umlegten Stopfenventils.
Die in der Wanne oben befindliche Öffnung ist der Überlauf. Er
wird mittels Dichtring und Überlaufbogen in das Überlaufrohr
gesteckt. Erforderlichenfalls ist das Kunststoffrohr dazu passend zu kürzen. Das Überlaufrohr ist nur so lang, daß es gerade in der Flucht der Wanne zum Überlauf hochgeht. Überwurfmutter, Quetschring und Konusdichtung werden auf das
Rohr geschoben und in das Bodenventil eingesteckt. Die Verschraubung wird mit einer kleinen Rohrzange gut angezogen.
Der Überlaufbogen wird von der Gegenseite mit einer Schraube, die gleichzeitig als Halterosette für die Kette ausgebildet ist,
angezogen. Eine Abdichtung von der Wanneninnenseite ist
nicht erforderlich. Die Haltekette des Ablaufstopfens wird in die
Rosette von unten einfach eingehakt.
Jetzt kann die Wanne mit dem fertig montierten Überlauf wieder eingesetzt, die Halterungen ausgerichtet und festgezogen
sowie der Siphon angeschraubt werden. Die Erdung nimmt der
Elektriker vor. Nachdem der Ablaufstopfen an der Kette befestigt wurde, läßt man zwecks Probefüllung heißes Wasser in

die Wanne laufen. Sie wird so hoch gefüllt, bis das Wasser den Überlauf voll bedeckt. Sind die Anschlüsse dicht, wird die Wannenverkleidung wieder montiert – oder es wird neu plattiert.

Erneuerung einer Wannenfüll- und Brausebatterie ½"

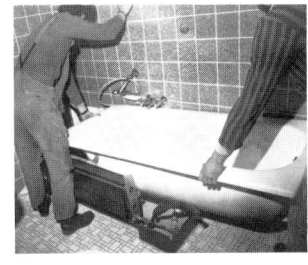

86 Eine Wanne wird auf die Haltestützen aufgelegt.

Werkzeug: Armaturenzange, Eckschwedenzange 1", Reinigungsbürste (Stahl), Eisensäge, Zollstock, Gewindenachschneider für Innengewinde ½".
Material: 1 verchromte Wannenfüll- und Brausebatterie ½" komplett, Hanf oder Teflonband.

Als erstes ist auch hierzu das Wasser abzusperren! Vor der Erneuerung der Wanne oder ihrer Plattierung sollte man überlegen, ob nicht der Einbau einer neuen Armatur sinnvoller als die Reparatur der alten ist. Da die Wasseranschlüsse alter wie neuer Batterien mit verdrehbaren S-Anschlüssen (Ausgleichsbogen) versehen sind, kann man mit diesen die neue Batterie leicht an vorhandene Wasseranschlüsse anbringen.
Die Brausegarnitur wird an den Anschlußverschraubungen abmontiert. Das Abnehmen des Batteriekörpers erfolgt durch

87 Brausegarnitur . . .

88 . . . und Batteriekörper abmontieren.

59

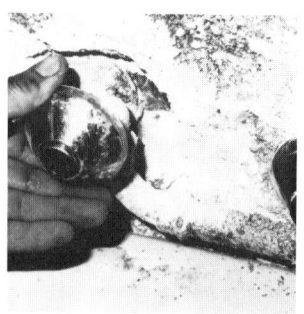

89 *Rosette mit der Hand abdrehen . . .*

90 *. . . und den Anschlußbogen mit der Rohrzange herausdrehen.*

Lösen der an den Anschlußbogen befindlichen Überwurfmuttern. Nach gleichmäßigem Abdrehen beider Muttern kann die Armatur nach vorn weggenommen werden. Die in die Wand eingeschraubten Anschlußbogen werden ebenfalls abgeschraubt. Die in Bild 89 gezeigten Anschlüsse sind neuere Ausführungen. Bei alten Batterien befindet sich die Überwurfmutter auf dem Batteriekörper. Nach Abschrauben der Rosette können die Bogen mit einer Rohrzange aus dem Wasserrohr herausgedreht werden. Als Ausgleichsstücke zwischen Rohr und Platten sind zum Teil Verlängerungen eingesetzt, die sich, meist durch Korrosion festgebacken, mit herausdrehen.
Die Verlängerungen sollten stets erneuert werden, weil sie entweder durch Materialalterung kleine Haarrisse besitzen oder durch mehrmaliges Hineindrehen so auseinanderspreizen, daß sie nicht mehr dichten. Das Ausmessen erfolgt durch Differenzermittlung Vorderkante S-Anschluß und Wasserrohr. Das alte Wasserrohr sollte mit einem Innenschneider $1/2''$ sauber nachgeschnitten, der im Krümmer befindliche Kalkansatz ausgekratzt und durch leichtes Wasseraufdrehen ausgespült werden. Zu beachten ist, daß das in das Wasserrohr einzuschraubende Gewinde mit einem Sägeblatt richtig grob angerauht wird, damit die Hanfabdichtung beim Eindrehen Halt hat und sich in das alte Rohr einfügt.

60

Die Hanfpackung wird, wie im Kapitel »Gewinde verhanfen« beschrieben, hergestellt. Danach ist das Festziehen des Hanfes mit der Stahlbürste erforderlich. Nach Auftragen von Gewindekitt werden die zwei S-Bogen mit den Verlängerungsstücken in die alten Rohre eingedreht. Sie werden so festgeschraubt, daß sie gleichmäßig aus der Wand stehen. Nach Ausrichten der Armatur auf Maß und im Lot werden die Rosetten mit der Hand aufgedreht. Das Aufschrauben der Batterie geschieht unter Einlegen von je einer Dichtung in die Überwurfmutter. (Das Gewinde des S-Bogens, auf dem sich die Haltemutter des Batteriekörpers aufzieht, benötigt keine Hanfdichtung.)

91   Ausmessen.

Zu prüfen sind noch die eingesetzten Oberteile, die oft werkseitig nicht genügend festgezogen sind. Nach der Montage der Brausegarnitur wird jetzt der Brauseschlauch mit den neuen Dichtungen im entgegengesetzten Arbeitsgang montiert. Jetzt wird das zugedrehte Absperrventil vorsichtig geöffnet und sorgfältig nachgespült; so daß sich die durch Betätigen des Absperrventils und durch Arbeiten an der Rohrleitung noch vorhandenen Schmutzteile nicht auf den neuen Dichtungen der montierten Batterie festsetzen und Tropfen verursachen.

92   Gewinde anrauhen.

93   Fertig montierte Armatur.

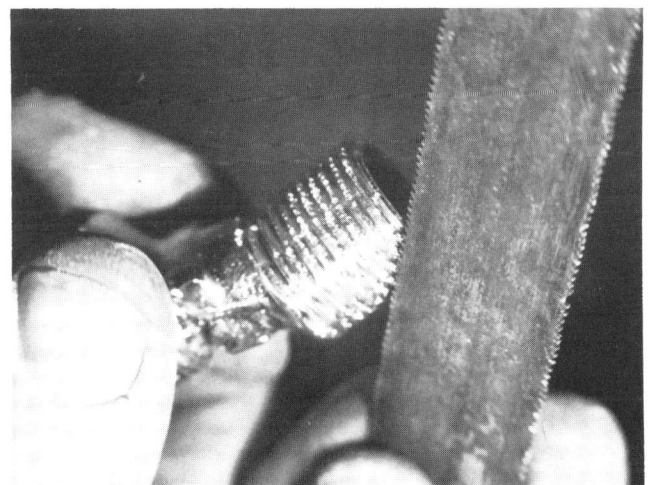

61

Brauseschlauch auswechseln

Werkzeug: Armaturenzange.

Hierzu braucht das Wasser nicht abgesperrt zu werden. Alte, geknickte Schläuche verhindern das einwandfreie Funktionieren von wassermengenabhängigen Geräten, indem sie den Wasserdurchlauf verengen, so daß Durchlauferhitzer selbsttätig abschalten.

1 Überwurfmutter am Griff der Brause lösen. 2 Überwurfmutter an der Armatur lösen (beides linksherum). 3 Brauseschlauch mit neuen Dichtungen in entgegengesetztem Arbeitsgang montieren.

Kohlebadeöfen haben einen Schlauch mit einem Innendurchmesser von 12 mm, weil der Kohlebadeofen ein druckloses Gerät ist und das Wasser einen größeren Durchlauf benötigt.

94 Brauseschlauch von der Garnitur lösen . . .

95 . . . Schlauch entfernen und neue Dichtung einsetzen.

Siphon auswechseln

Werkzeug: Hammer, 250 g, Rundholz für Bleirohr (Zentrierholz), 40 mm $\oslash$, 10 cm lang, Schraubenzieher 6,0 × 100.
Material: 1 verchromter Siphon 1 $^1/_4''$, 1 LKA-Gummi, $^{40}/_{30}$ klein.
Da Abflüsse mitunter als Allesschlucker mißbraucht werden, können die Dichtungen sich leicht zersetzen. Auch der Messingsiphon wird defekt. Wer das feststellt, sollte seinen alten Siphon gegen einen neuen austauschen.
Siphon an den Verschraubungen lösen. Am besten bedient man sich dabei einer Wasserpumpenzange. Sollte sich das Stopfenventil mitdrehen, zieht man die Schraube im Becken fester. Sodann werden mittels kleiner Flamme (Lötlampe) das hintere Ende des Siphonrohres und die Lötstelle ein wenig erhitzt. Nicht zu heiß, sonst schmilzt hierbei das Blei weg. Da das Zinn eher schmilzt, kann nach kurzer Zeit das Rohr abgenommen werden. Solange das Zinn noch erhitzt ist, wird es mit dem Messer aus dem Bleirohr gekratzt. Der Mörtel um das Bleirohr wird jetzt mit einem kleinen Schraubenzieher bis etwa 4 mm entfernt. Nun wird das Bleirohr mittels Zentrierholz oder eines zweiten Hammerstieles auf die Größe des Übergangsgummis aufgeweitet. Nicht zu weit, das Gummi muß sich noch in das Bleirohr einpressen lassen.
Das Übergangsgummi wird innen mit etwas Gleitmittel (am besten Seife) eingestrichen, beim Siphon Länge und Höhe ausmessen, sodann abschneiden und den Schneidgrat entfernen. Den Siphon mit Dichtungen versehen und die Rosette aufsetzen, das hintere Rohr in das Gummi drücken und das senkrechte Rohr am Stopfenventil anschrauben und mit der Hand fest anziehen.

96 *Rohr von Zinn reinigen und Mörtel entfernen.*

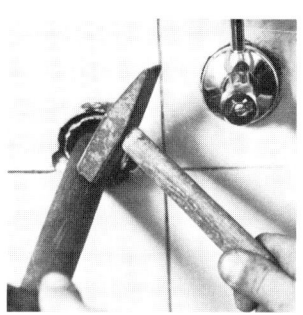

97 *Bleirohr weiten.*

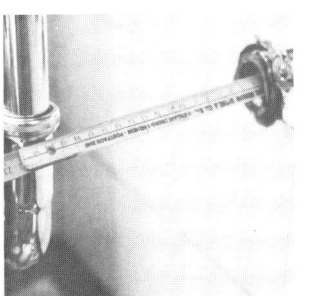
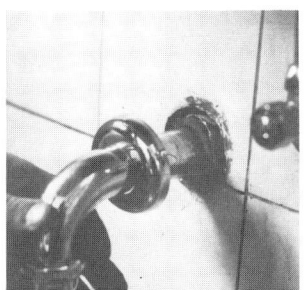

98 *Ausmessen (links).*

99 *Siphon einsetzen (rechts).*

100 Alter Waschtisch.

101 Siphon entfernen.

Erneuerung Waschtisch oder Austausch eines Handwaschbeckens gegen einen großen Waschtisch

Werkzeug: Armaturenzange, Wasserpumpenzange, Maulschlüssel 19, Eisensäge, Zollstock, Eckschwedenzange 1″, Wasserwaage, Bleistift, Hammer, 250 g, Schraubenzieher 5,0 × 90, Dako-Kupferrohrschneider.

Material: 1 Porzellan-Waschtisch, Größe nach Bedarf, 1 Paket Waschtischbefestigung M 10, 1 verchromte Einlochbatterie $1/2$″ mit Schwenkauslauf, 1 verchromtes Stopfenventil $1^1/4$″, 1 Gebinde Kitt, 1 verchromter Röhrensiphon $1^1/4$″, 1 verchromte Kupplung $1^1/4$″, 2 verchromte Überwurfmuttern $3/8$″ × 10 mit Quetschdichtungen.

Als erstes wird die obere Siphonverschraubung gelöst. Das Siphonrohr (Bild 101) wurde im Beispielsfall absichtlich nicht ausgelötet, um eine Anschlußmöglichkeit mit Kupplung zu zeigen. Die Verschraubung wird auch hier gelöst und entfernt. Nach Zudrehen der Absperrhähnchen löst man mit einem Schlüssel die Verschraubungen des Kalt- und Warmwasserzulaufes. Das alte Becken kann nach oben abgehoben werden. Die Befestigung dieses Beckens erfolgte mit Halter, die von hinten in eine dafür vorgesehene Aussparung einhaken. Die Haltelaschen werden nach ¡ösen der Muttern abgenommen.

102 Lösen der Überwurfmutter.

64

Etwas schwieriger geht das Entfernen der Eisenbolzen vor sich. Man kann entweder den Haltegips oder -zement mit einem kleinen Meißel ausstemmen oder aber den Eisenbolzen wandbündig etwa zur Hälfte ansägen und dann mit der Rohrzange nach unten abbrechen. Die Wand wird gesäubert und neu beigeputzt.

Zur Neumontage des Waschtisches ermittelt man mit Wasserwaage und Zollstock die Maße der Haltelöcher (zum Beispiel den Unterschied von Oberkante Becken). Das Loch kann 5,5 cm tiefer liegen. Das Montieren der Einlochbatterie geschieht vor dem Anbringen des Beckens.

Damit der Waschtisch gemäß der Fluchtlinie des Siphons montiert wird, zeichnet man mit Bleistift und mittels Wasserwaage einen senkrechten Strich auf die Platten. Oberkante Waschtisch sollte zwischen 80 bis 85 cm liegen. Dabei richtet man sich nach der Größe der Benutzer und den örtlichen Gegebenheiten. Da bei der Ermittlung des Befestigungsloches dieses 5,5 cm tiefer liegt, ergibt sich nach Abzug von 5,5 cm das Maß der Bohrhöhe. Das waagerechte Maß (28 cm) wird ebenfalls mit Hilfe der Wasserwaage ermittelt und markiert, ehe das Dübelloch gebohrt wird. Der Kunststoffdübel wird wie gewohnt in das Bohrloch gesteckt und plattenbündig eingetrieben. Bei langen Schrauben, der Länge entsprechend, etwas tiefer.

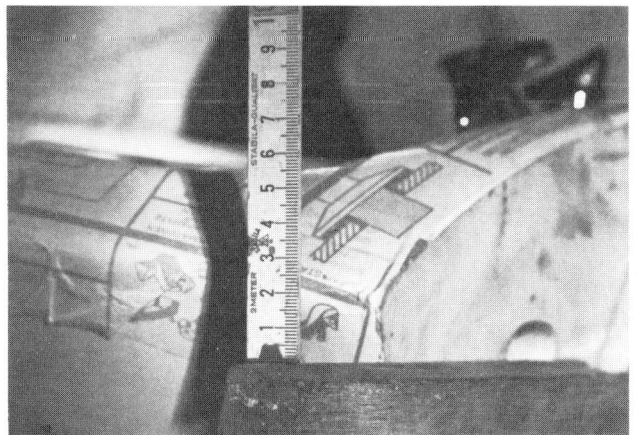

103 Ausmessen.

104 Das zweite Maß wird ermittelt.

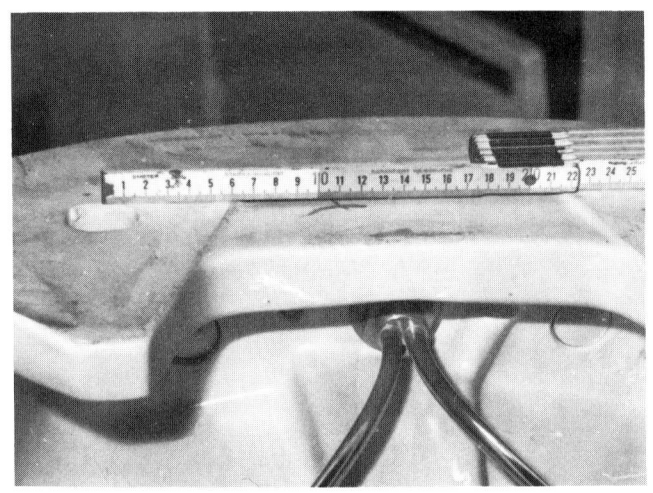

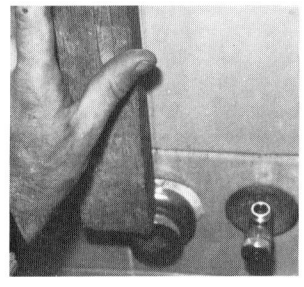

105 Wasserwaage und . . .

Die Halteschrauben werden mit dem Holzgewinde auf Maß in die Dübel eingeschraubt. Die hervorstehende Länge ist – je nach Waschtischart – unterschiedlich. Das Becken wird nun über die Haltestangen geschoben und mittels Kunststoffmuttern festgezogen. Zur Kontrolle sollte die Wasserwaage dabei auf dem Becken liegen. Das Stopfenventil wird nun mit einem Kittrand belegt und in das Becken eingedrückt. Seine Befestigung erfolgt mittels einer Schraube, die von der Unterseite des Waschtisches das Gegenstück mit einer Dichtung festzieht. Die Montage von Kette und Stopfen wird, wie bei der Badewannen-Erneuerung beschrieben, ausgeführt.

106 . . . Zollstock benutzen (links).

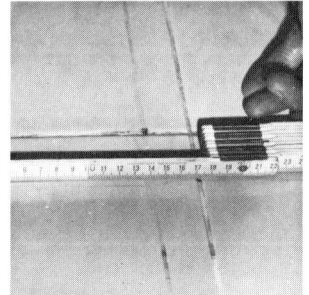

107 Auch das waagerechte Maß wird benötigt (rechts).

66

Auch der Montageablauf eines Siphons wurde bereits behandelt. Am Abgang des Siphons befindet sich die schon fertig montierte Kupplung, bei der das Aus- und Einlöten eines Spülrohres in der Wand an ein altes Bleirohr nicht erforderlich ist. Die Montage erfolgt mit Siphonquetschdichtungen und einer Siphonverschraubung. Montage der Armatur siehe Seite 69. Nach der Verbindungsrohre-Montage mittels neuer Überwurfmutter und neuer Dichtungen ist auch der Kalt/Warmwasseranschluß hergestellt. Die abgesperrten Hähne werden geöffnet, der Perlator abgenommen und jetzt gut durchgespült, um Schmutzteile zu entfernen. Abschließend werden die werkseitig montierten Hahnoberteile kontrolliert, der Perlator ausgespült und ebenfalls montiert.

108 Halteschrauben werden mit Holzgewinde in den Dübel eingeschraubt.

109 Montage des Siphons mit Kupplung.

110 Moderner Waschtisch.

Montage eines Verbindungsrohres

Werkzeug: Maulschlüssel 19 mm, Kupferrohrschneider.
Material: Verbindungsrohr 10 mm.

Messing-Verbindungsrohre – meist verchromt – sind am gebräuchlichsten, um die Verbindung zwischen den Armaturen zum Wasseranschluß über den Fliesen herzustellen. Die Rohre lassen sich leicht biegen und kürzen. Das Abdichten der Verbindung erfolgt mittels Überwurfmutter mit Konus, die die Dichtung festzieht.

111   Verbindungsrohr mit dem Rohrschneider genau kürzen.

Ein kleiner Rohrschneider wird benötigt, um das Verbindungsrohr zu kürzen. Es sollte etwa 1 cm tief in den Anschluß des Eckhahnes eingesteckt werden können. Auf das Verbindungsrohr wird die Überwurfmutter, die Konus-Unterlegscheibe und als letztes die Dichtung gesteckt. Mit einem passenden Schlüssel wird die Mutter abschließend auf das Eckhahngewinde aufgezogen. Anziehen mit leichtem Druck genügt, um gutes Abdichten zu erreichen.

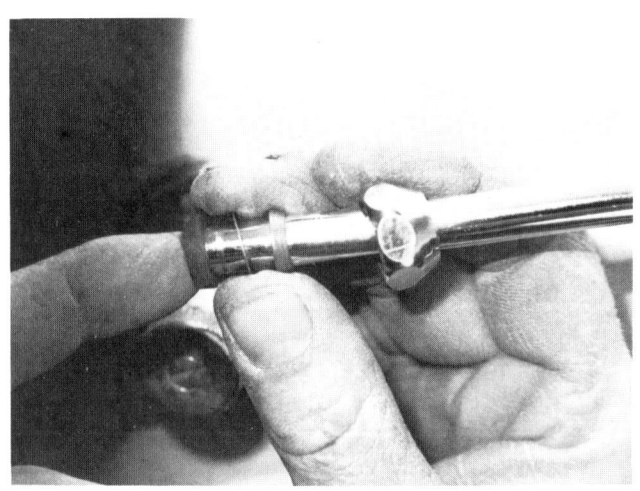

112   Die Dichtung wird auf das Verbindungsrohr gesteckt.

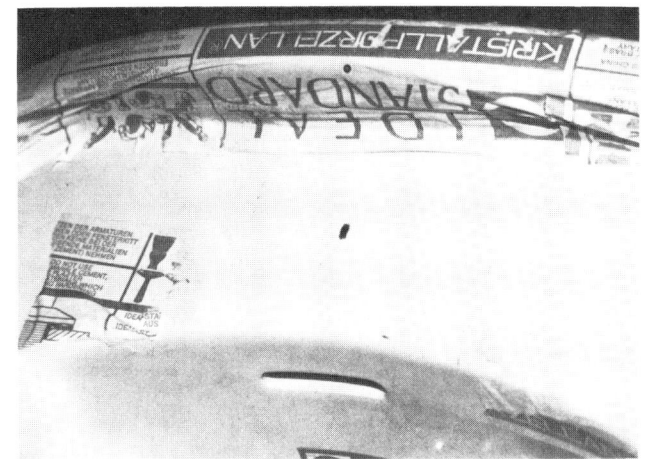

Einbau einer Einlochbatterie

Werkzeug: Hammer, 250 g, Körner, Standhahnmutterzange, Kupferrohrschneider.
Material: 1 verchromte Einlochbatterie $1/2''$.

Alte Waschtische haben noch Einzelhähne (Standhähne) zum Zapfen von Kalt- und Warmwasser. Bekanntlich aber ohne Mischmöglichkeit. Heute werden Armaturen verwendet, die Kalt- und Warmwasser über einen Auslauf mischen. Die Standhähne können bei alten Becken ohne weiteres ausgebaut und die entstandenen Löcher mit Standhahnrosetten verschlossen werden. In neuen Porzellanbecken befinden sich in der Mitte Vorstanzungen, die das Einbauen von Einlochbatterien problemlos ermöglichen.

Bei nachträglichem Einbau von Einhebelarmaturen muß geprüft werden, ob der erforderliche hohe Wasserdruck vorhanden ist. Das System ist für Durchlauferhitzer ungeeignet.

In der Mitte des Porzellanbeckens ist von der Unterseite her eine Lochstanzung angebracht. Diese Vorstanzung wird von oben nach genauer Ausmessung mit Hammer und Körner leicht durchgeschlagen. Es entsteht, von oben gesehen, ein kleines Loch. Von unten ist die Vorstanzung größtenteils her-

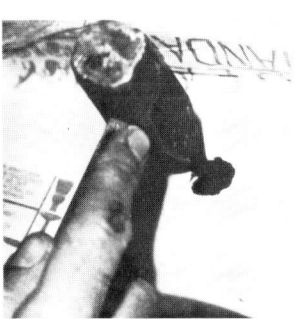

115 Haltemutter wird mit Gummiring
und Gegenscheibe aufgedreht
(links).

116 Beim Anziehen mit der Standhahnmutterzange auf den geraden
Sitz der Batterie achten (rechts).

ausgefallen. Es besteht nun keine Schwierigkeit mehr, die rest-
liche, noch stehengebliebene Glasur mit einem schräggehal-
tenen Hammer leicht abzutupfen.

Ist die Glasur kreisrund entfernt, wird die Batterie mit einer eingelegten Runddichtung durch das Loch gesteckt. Die Dichtung
verhindert das Durchtropfen von Spritzwasser. Zum Festziehen wird eine Standhahnmutterzange benötigt. Beim Anziehen
ist auf geraden Sitz der Batterie zu achten. Die Verbindungs-
rohre sind aus Kupfer, sie lassen sich mit der Hand leicht ver-
biegen. Man längt sie am besten mit einem kleinen Kupferrohrschneider ab.

Montage einer Kugelkette und Befestigung

Werkzeug: Wasserpumpenzange.
Material: Kugelkette, Spaltring.
Die übliche Befestigung eines Abflußstopfens geschieht an der
Einlochbatterie mittels Dreiecköse, die man in die Kugelket-
tenhalter an der Batterie einsteckt und mit der Zange zusam-
menbiegt.
Bei Einlochbatterien mit versenkbarer Kette macht man's folgendermaßen: Die Kette ohne Halterung in das hierfür vorgesehene Bohrungsloch einstecken, so daß die Kette unter dem
Waschtisch aus der Batterie wieder hervorkommt. Hier mittels
Öse ein passendes Bleigewicht und an der Batterie oben ebenfalls durch eine Öse den Gummistopfen befestigen. Das Bleigewicht zieht die Kette, sofern der Stopfen gelöst wird. Für Ein-
handmischer oder Standhähne ohne Befestigungsmöglichkeit

70

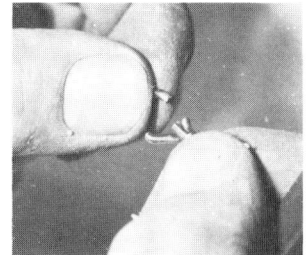

118 Die Dreiecköse wird durchgeführt . . .

gibt es Hahnlochstopfen mit Kettenöffnung für »versenkbare« Ketten.

Waschtisch: Loch rechts ins Becken schlagen und mit entsprechendem Hahnlochstopfen mit Öffnung für Kette durchführen, Bleigewicht und Stopfen montieren.

Befestigung einer Kette an der Überlaufrosette der Badewanne: Eine fertig montierte Rosette darf zu diesem Zweck nicht abgeschraubt werden. Die Öse kann von unten eingehakt werden.

Es gibt auch eine Befestigungsmöglichkeit mittels Spaltring, der, etwas aufgezogen, durch die Befestigungsöffnung des Stopfens geführt wird.

Unproblematisch lassen sich auch Verbindungen von der Kette zum Stopfen oder der Armatur mit einer Dreiecköse herstellen. Nachdem die Kette eingehakt ist, zieht man die Öse etwas auf, hakt sie in den Stopfen oder die Armatur ein und drückt sie mit einer kleinen Zange zusammen.

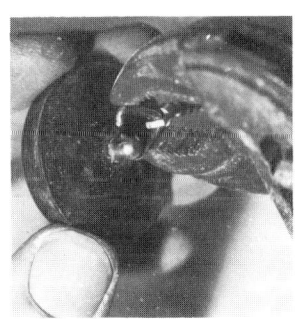

119 . . . und mit einer kleinen Zange zusammengedrückt.

71

Erneuerung eines Schwenkauslaufes

Werkzeug: Armaturenzange, Schraubenzieher 5,0 × 90.
Material: gemäß Muster.

Der Austausch eines Schwenkauslaufes wird trotz einfacher Handgriffe wohl selten vorgenommen. So tropft oder läuft das Wasser dann mehr aus der Anschlußverschraubung als aus dem hierfür vorgesehenen Auslauf neben die Spüle oder das Waschbecken. Die normale Ausführung wird mit einer Überwurfmutter gehalten. Löst man sie, kann der Auslauf nach oben herausgezogen werden.
Diese Befestigungsart ist zwar einfach, dennoch aber insofern etwas kompliziert, weil von der hinteren, nicht sichtbaren Seite der Armatur der Auslauf mit einer kleinen Madenschraube abgesichert ist. Ein kleiner kurzer Schraubenzieher genügt, um diese Schraube zu lösen und den Auslauf nach oben herausziehen zu können.
Nahezu alle Dichtarbeiten werden mit Quetschdichtungen oder Gummirollringen ausgeführt. Ist der Schwenkauslauf sonst in Ordnung, hilft meist das Erneuern der Dichtungen. Vor dem Einsetzen in die Armatur werden die Dichtungen und das einzusteckende Teil mit Spezial-Hahnfett gut eingefettet. Die Überwurfmutter braucht dann nur leicht angezogen zu werden,

120 Diverse Schwenkausläufe mit Abdicht- und Befestigungsarten.

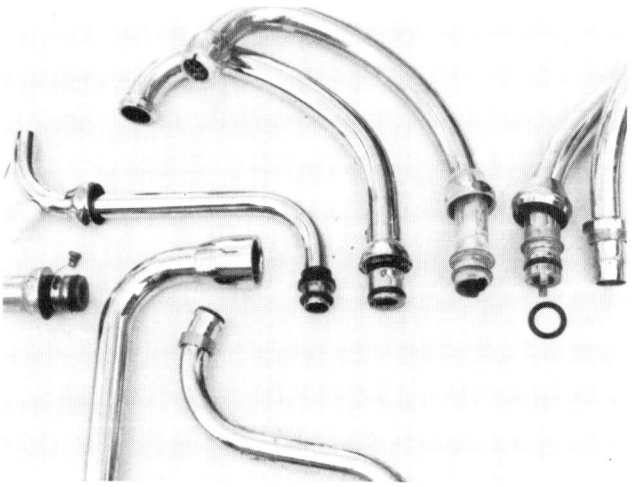

 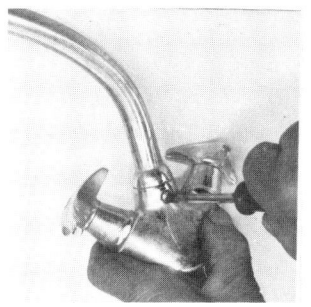 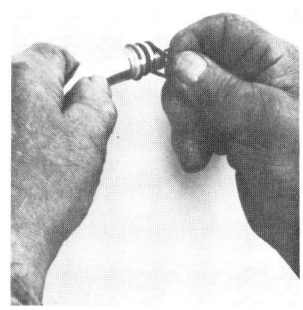

121 Lösen der Überwurfmutter.

122 Wenn die Madenschraube gelöst wird, kann der Auslauf herausgezogen werden.

123 Der neue Dichtungsring wird
aufgesteckt.

damit das Schwenken ermöglicht und die Abdichtung gesichert
ist.

Auswechseln oder Reinigen des Siebes
am Wasserhahn

Werkzeug: Armaturenzange, Wasserpumpenzange.
Material: Siebeinsatz oder Perlator.

Perlatoren oder Strahlregler sind aus verschiedenen Stärken
bestehende Einsätze, die durch einen Schlitz im Gehäuse von
außen Luft hinzuziehen. Dadurch wird ein angenehm weicher
Strahl erreicht.
Im Laufe der Zeit setzen sich in den feinen Sieben Schmutzteile
ab, die sie verstopfen. Der Durchfluß ist nicht mehr gegeben,
und so spritzt Wasser an den Lufteinsaugschlitzen heraus. Besonders unangenehm ist die Verstopfung bei wassermengenabhängigen Geräten, weil durch Verschmutzung der
Siebe die Wassermenge gedrosselt wird und die Geräte
(Durchlauferhitzer, Thermostat und dergleichen) schließlich
nicht mehr einschalten.
Zwecks Reinigung beziehungsweise Erneuerung eines Siebes
wird es mit der Chromzange linksherum abgedreht. Einzel-
siebe zieht man auseinander und reinigt sie gründlich mit Sei-
fenlauge und Bürste. Auch feine Nadeln können zum Reinigen
der kleinen Löcher benutzt werden. Werkseitig zusammenge-
preßte Einsätze lassen sich nicht mehr reinigen.

In das neue Sieb legt man eine passende Dichtung ein und dreht es mit der Hand rechtsherum auf das Gewinde der Armatur. Es ist ratsam, stets ein neues Sieb in Reserve zu haben, damit bei Bedarf das alte ausgewechselt werden kann.

Einsetzen eines neuen Ablaufventils

Werkzeug: Schraubenzieher 5,0 × 90.
Material: 1 verchromtes Stopfenventil nach Bedarf.

Das Erneuern von Ablauf- oder Stopfenventilen ist selten notwendig. Deshalb hier nur ein paar Hinweise für den Einbau bei Auswechslungen oder Reinigungen.
Der Rand des Ventils wird mit einem gleichmäßigen Kittrand belegt. Kitt hat die Eigenschaft, sich in die Unebenheiten des Porzellans von Becken oder Spülen und Wannen einzudrükken und die Funktion, das Ablaufen von Wasser hinter dem Ventil zu verhindern.
Das Ventil wird in die jeweilige Bodenöffnung eingelegt und folgendermaßen befestigt: Das mit einer Dichtung versehene Ventilunterteil wird von der Unterseite des Waschbeckens (Spüle) gegengehalten und mit einer von oben eingelegten

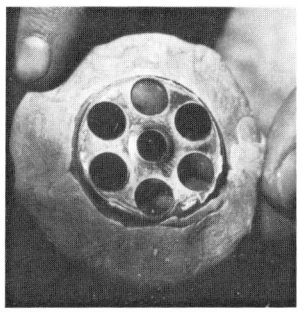

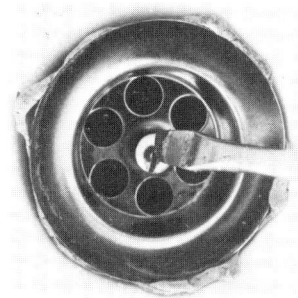

125 Das obere Teil des Stopfenventils mit Kittrand ... (links).

126 ... wird in die Bodenöffnung eingelegt (rechts).

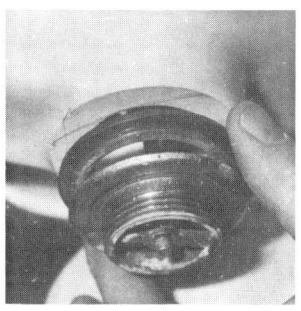

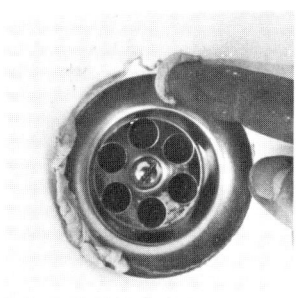

127 Montage des Unterteils (links).

128 Vom fertig montierten Ablaufventil wird der herausgedrückte Kitt entfernt (rechts).

Schraube mittels Schraubenzieher festgezogen. Am Ventilrand im Becken heraustretender Kitt wird entfernt, und das Ablaufventil ist wieder funktionsfählg.

Ein Porzellan-Stand-WC (mit Druckspüler) wird ausgewechselt

Werkzeug: Armaturenzange, Allroundfeile, Bohrmaschine mit Schlagwerk, 10 mm, Eisensäge, kleiner Gummibecher, Hammer, 250 g, Körner, kleiner Meißel – etwa 15-mm-Schneide, Schraubenzieher 5,0 × 45, Spachtel 40 mm, Steinbohrer 10 mm, Zollstock.
Material: 1 Porzellan-WC-Körper (Abgang Europa), 1 Satz Befestigungsschrauben 6 × 60 mit Dübel, 1 Gummi-Menger-Ring 4″, 1 Kagu-Stutzen 4″, 0,20 cm, 1 Trumpf-Spülrohrverbinder für Druckspüler und Euro-WC, 1 Kunststoffspülrohr, 1 Kunststoff-

129 Altes Modell mit hinterem, senkrechtem Abgang und Druckspüler.

130 Ausstemmen des Bleianschlusses.

bogen 4″ 87°, 1 Kunststoffrohr 4″, 0,25 cm, 2 Gummirollringe 4″, Gleitmittel und Zement.

WC-Anlagen verkrusten mit der Zeit. Da die Verkrustungsstärke von außen nicht sichtbar ist, bemerkt man sie um so mehr am ständig verstopften WC. Die bisher verwendeten WC-Körper hatten unterschiedliche Abgänge, davon gibt's aber nur noch wenige. Für alle nach außen gehenden Abgänge wird jetzt das Europa-Modell mit Universalabgang eingesetzt, das man folgendermaßen installiert:
Die Halteschrauben, mit denen das WC am Boden verschraubt ist sowie die Anschlußverschraubung des Spülrohres am Druckspüler, sind zu lösen. Dann kann der WC-Körper abgenommen werden. Der alte, meist durchgerostete Bleianschluß wird aus dem Gußanschlußrohr ausgestemmt und durch Kunststoffrohr ersetzt. Wie Verbindungen mit Kunststoffrohr ausgeführt werden, ist im Kapitel »Abflußleitungen« nachzulesen.
Als Übergangsdichtung von Kunststoff aus Gußrohr wird ein Menger-Ring verwendet. Der bisherige Abstand des WC's zur Wand wird wegen der Länge des Spülrohres eingehalten. Der Anschluß Kunststoffrohr/WC wird wahlweise mit einem Kagu-Stutzen oder WC-Anschlußstück hergestellt. Ein dichter Abschluß am WC-Abgangsstutzen bei Verwendung von PVC-Formstücken läßt sich mittels starker Gummidichtung erreichen. Mit Gleitmittel bestrichen, kann man den Stutzen des Formstücks problemlos einsetzen.
Die WC-Schüssel wird ausgerichtet, und die Bohrungen für die Befestigungsschrauben werden zunächst markiert, ehe man die Löcher zur Aufnahme von 10-mm-Dübeln mittels Bohrma-

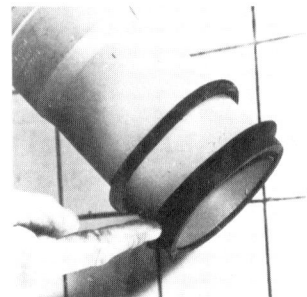

131 Quetschdichtung in Form eines Menger-Ringes (links).

132 Abstand ausmessen (rechts).

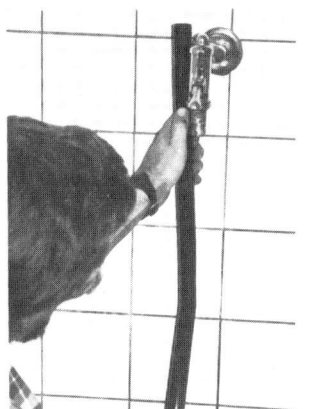 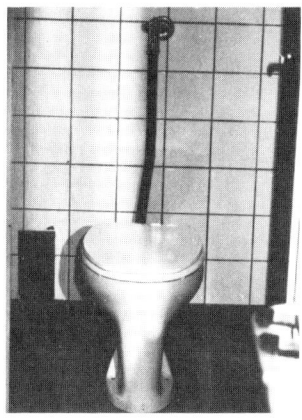

133 Das Spülrohr muß genau ab-
gemessen werden (links).

134 Fertig montiertes WC (rechts).

schine herstellt. Weil dabei stets etwas Bohrstaub nachfällt,
bohrt man sie etwa 15 mm tiefer. Der Dübel wird eingesteckt
und bodengleich eingedrückt. In den Spülrohreinlauf am WC
wird der Spülrohrverbinder eingelegt und das WC in den An-
schlußstutzen eingesteckt. Abschließend werden die Schrauben in die vorbereiteten Löcher gesteckt und nicht zu fest eingedreht.

Zum Installieren des Spülrohres wird der Anschluß mit Verschraubung auf den Spüler geschraubt und dadurch die passende Länge zum WC-Anschluß ermittelt. Das Spülrohr darf
nicht zu tief ins WC eingeführt werden! Die senkrechte Länge
ist genau zu ermitteln, ehe das Rohr entsprechend gekürzt
wird. Die Verschraubung wird vom Druckspüler jetzt wieder ge-
lockert und zunächst ohne Dichtung ins Spülrohr fest eingedrückt, sodann aber mit neuer Dichtung versehen wieder an
den Spüler angeschraubt.

Sollte der Unterboden uneben sein und das Becken deshalb
nicht plan aufliegen, kann man ihn mit Zement anfüllen und die
Befestigungsschrauben später wieder fest anziehen.

Nach Betätigen des Spülers und Funktionsüberprüfung wird
der WC-Deckel montiert. Soll das Spülrohr noch etwas ge-
knickt werden, ist es zuvor ein wenig zu erwärmen. Bei stärke-
rem Biegen wird das Rohr mit Sand gefüllt.

135 Sitz mit und ohne Rückbrett.

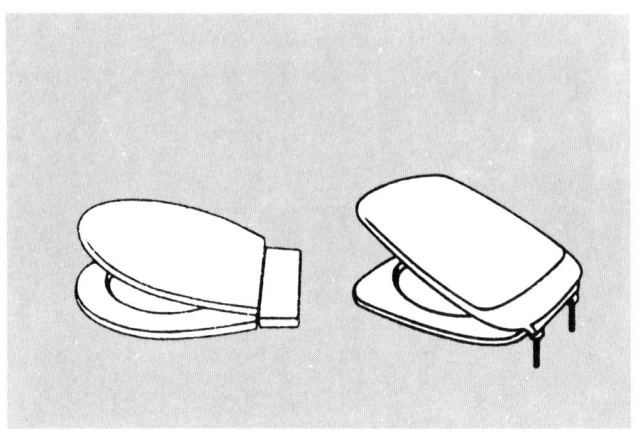

WC-Sitz erneuern

Werkzeug: Wasserpumpenzange.
Material: gemäß Muster.

Die Schrauben des alten Sitzes werden dazu linksherum gelöst und der Sitz nach oben abgezogen. Jetzt werden die neuen Befestigungsschrauben in den Sitz eingehakt. Anschließend müssen die Sitzschrauben mit Sitz von oben in die Löcher des WC's eingeführt und der Sitz auf dem WC ausgerichtet werden. Befestigungsschrauben von unten auf die herausragenden Gewinde aufdrehen und festziehen. Fertig!

136 Unten befindliche Verschraubung.

Auswechseln von Armaturen und Erneuern von Einrichtungen außerhalb des sanitären Bereichs

Montage eines Kochendwassergerätes

Werkzeug: Armaturenzange, Sechskantschlüssel $1/2''$-Verlängerung, Schraubenzieher $5,0 \times 45$, Wasserwaage, Zollstock, Bleistift (dünn), Bohrmaschine mit Schlagwerk, 10 mm.
Material: 1 Kochendwassergerät, komplett.

Kochendwassergeräte sind im Haushalt unentbehrliche Helfer. Sind über der Spüle keine hinderlichen Schränke montiert, jedoch eine schutzisolierte Steckdose und ein Kaltwasserhahn vorhanden, läßt sich solch ein Gerät dort gut unterbringen. Die Mischbatterie und das verchromte Abstandsrohr werden eingedreht, nachdem zwischen Batterie und Abstandsrohr eine Dichtung eingelegt worden ist. Auf die eingedrehte Armatur wird das Gerät lose aufgesetzt, und es werden jetzt die Ecken der Halter angezeichnet. Danach nimmt man das Gerät wieder ab, um den Gegenhalter mit den Ecken an die markierten Stellen genau anlegen und an den Platten die Bohrlöcher zur Befestigung anzeichnen zu können. Jetzt werden Bohrlöcher hergestellt, die erforderlichen Dübel eingesteckt und der Gegenhalter mit Schrauben befestigt. Das Gerät kann nun mit Dichtung und Überwurfmutter installiert werden, indem man

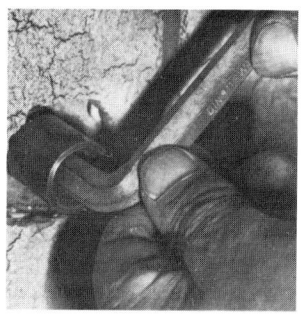

137 Verlängerung in den Wasseranschluß eindrehen.

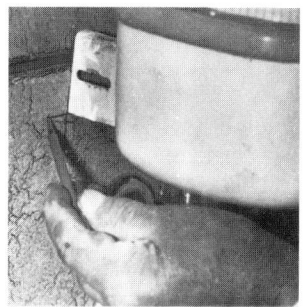

138 Markieren des Gegenhalters (links).

139 Keramikplatten ankörnen (rechts).

79

140 Das Gerät ist funktionsfähig, nachdem die Überwurfmutter mit Dichtung festgezogen wurde.

die Halteschrauben rechts und links in den Gegenhalter einschraubt. Die Überwurfmutter mit Dichtung wird aufgesteckt und mit einer Armaturenzange festgezogen.

Messing-Verlängerungen erneuern

Werkzeug: Sechskantschlüssel für $^3/_8''$- bis 1"-Verlängerung.
Material: Messing-Verlängerung, DIN – $^1/_2''$ –1" – Länge nach Bedarf.

Verlängerungen werden benötigt, um Differenzen zwischen verlegten Rohren und nachträglich verlegten Platten auszugleichen. DIN-Verlängerungen gibt es in Normlängen, je 5 mm im Maß steigend von 15 mm bis 50 mm.
Sämtliche Armaturen bestehen aus einer Messinglegierung, die später verchromt wurde. Zum Teil sind die Gewinde mitverchromt. Sie sind dadurch glatt, so daß aufgetragener Hanf oder PVC-Dichtfolie am Gewinde nicht haften kann, dadurch abgedreht wird und das Gewinde nicht mehr dichtet. Da die meisten Armaturen mit einer festsitzenden Rosette versehen sind, ist das Überprüfen auf Undichtigkeit nach der Montage nicht mehr möglich. Deshalb sollten sämtliche Messing- oder verchromte

80

141 Verlängerungen zum Ausglei-
chen der Differenz zwischen verlegten Rohren und später verlegten Platten.

Gewinde vor dem Verarbeiten mit einem Sägeblatt durch
Schläge auf das Gewinde angerauht werden. Sodann die Armatur in die linke Hand nehmen, und den Hanf in feinen Sträh-
nen im Uhrzeigersinn fest auftragen, und zwar von hinten nach
vorn, damit das Ende zuerst in die Gegenmuffe eingezogen
werden kann. Zuvor mit wenig Dichtungskitt einstreichen.

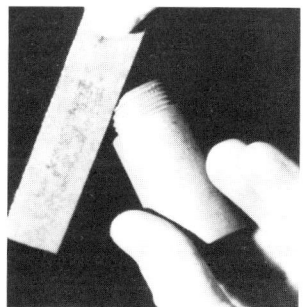

142 Anrauhen mittels Sägeblatt.

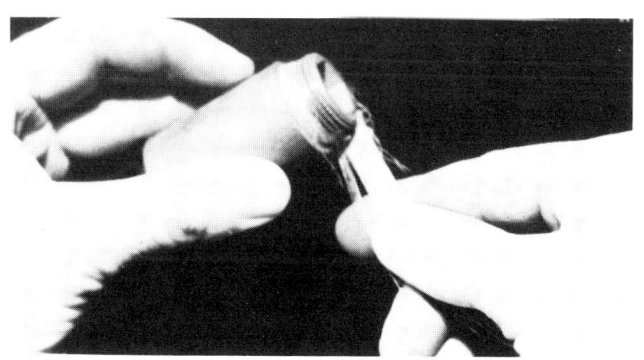

143 Gewinde verhanfen.

Innengewinde nachschneiden

In alten Rohren setzt sich mit der Zeit Kalk an den Übergängen von Winkeln, Messingteilen und dergleichen fest, den man, nachdem das Rohr aufgeschraubt wurde, mit dem Schraubenzieher abstoßen kann. Dabei ist zu beachten, daß keine Kalkablagerungen in das Rohr hineinfallen. Das Rohr muß gut ausgespült werden.
Mit einem Nachschneider sollte das Gewinde in der passenden Zollgröße nachgeschnitten werden. Zu diesem Zweck wird das Schneideeisen, mit ein paar Tropfen Öl beträufelt, in die Gewindemuffe eingedreht.
Ein abgebrochenes Messinggewinde läßt sich aus der Muffe entfernen, indem ein Spitzmeißel (vier scharfe Kanten, rundes Heft) in das alte Gewinde eingeschlagen und mittels Zange vorsichtig gedreht wird. Erforderlichenfalls ist das abgebrochene Gewinde zuvor mit der Lötlampe zu erwärmen.

Anschluß einer Waschmaschinen-Armatur

Werkzeug: Armaturenzange, Schraubenzieher 5,0 × 45.
Der Wasseranschluß für eine Wasch- oder Geschirrspülmaschine kann durch Einsetzen eines Anschlußstückes in eine normale Mischarmatur erfolgen. Nach Abnehmen der Batterie – dazu werden die beiden Überwurfmuttern gelöst – können die

144 Der Wasseranschluß erfolgt, wenn die Armatur mit Absperrvorrichtung, Rückflußverhinderer und Rohrbelüfter ausgestattet ist (links).

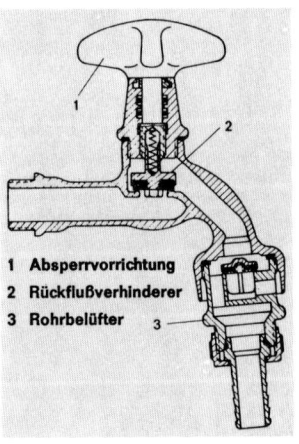

1 Absperrvorrichtung
2 Rückflußverhinderer
3 Rohrbelüfter

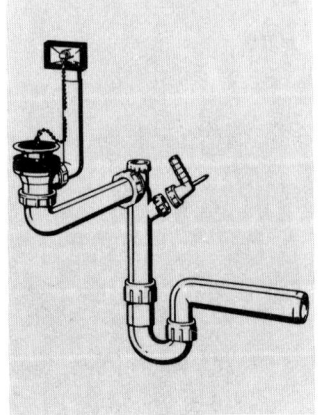

145 Ablaufgarnitur unter einem Spülbecken (rechts).

82

Zwischenstücke für Kalt- und Warmwasser eingesetzt werden. Je eine Dichtung wird in die Absperrung und das Distanzstück eingelegt. Das Distanzstück wird links (Warmwasser) und die Absperrung rechts (Kaltwasser) aufgeschraubt. Die Batterie, mit Dichtungen versehen, kann nun wieder aufgeschraubt werden. Den Schlauch sichert man an der Armatur mit einer Schlauchklemme ab. Der Abflußstutzen wird am Siphon mittels Anschlußstück angeschlossen. Auch er ist mit einer Klemme abzusichern.

Eine Multi-Kludi-Batterie kann auf einem Nirosta-Spülbecken installiert werden, wenn sich unter der Spüle der Wasseranschluß befindet. Die vorhandene Einlochbatterie wird zuvor entfernt. Es gibt diese Batterien auch mit zwei Anschlüssen – für die Wasch- und für die Spülmaschine. Vorteilhaft ist es, daß man die Abgänge von oben aus absperren und somit kein Wasser aus einem undichten Schlauch laufen kann. Die Rohre führen unter der Spüle aus der Batterie. Sollten in unmittelbarer Nähe keine Rohrbelüfter und Rückflußverhinderer installiert sein, müssen sie nachträglich vor dem Schlauch angebracht werden.

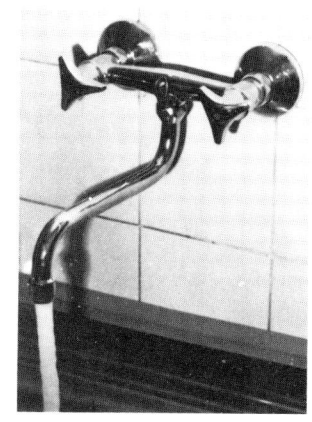

146 Mischarmatur mit Warm- und Kaltwasser.

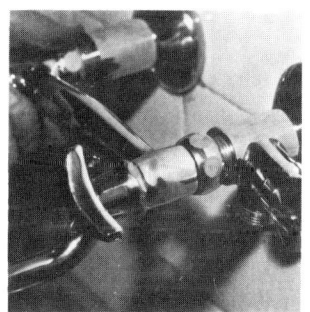

147 Die Batterie wird auf die neuen Zwischenstücke aufgeschraubt.

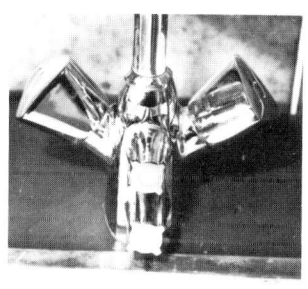

148 Multi-Kludi-Batterie.

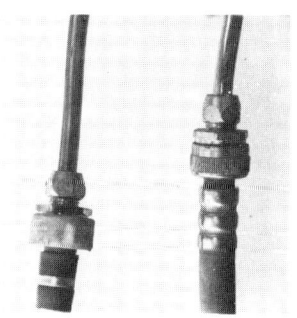

149 Schlauchanschlüsse.

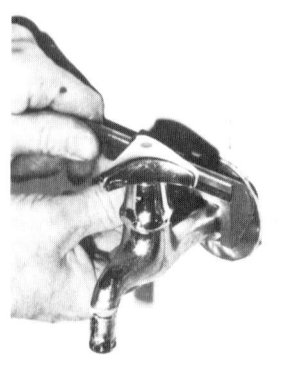

150 Entfernen eines Hahnes.

151 Auch hier den Hanf fest aufziehen (links).

152 Das mit Hanf umwickelte Gewinde wird mit Dichtungskitt bestrichen (rechts).

Erneuern eines Wasserhahnes (Zapfventil)

Werkzeug: Armaturenzange, Gewindeschneider, Zollstock, Eisensäge.
Material: Hanf oder Teflonband, Gewindekitt.
Mit der Armaturenzange wird der zu ersetzende Hahn vorsichtig herausgedreht. Nach Anpassen der neuen Hahnrosette, sie sollte etwa 15 mm hoch sein, wird die Höhe der Verlängerung ermittelt. Wie solche Verlängerungen gemacht werden, wurde auf Seite 80 beschrieben. Das Gewinde im vorhandenen Rohr sollte mit einem Gewindeschneider sauber nachgeschnitten werden.
Jetzt wird der neue Zapfhahn zur Montage vorbereitet. Er wird am Gewinde etwas angerauht, damit die Hanf- oder Teflonbandumwicklung Halt hat. Bevor das Gewinde mit Hanf umwickelt wird, ist die Rosette aufzusetzen, weil man sie später nicht mehr über die Umwicklung schieben kann. In Richtung des Gewindes die Abdichtung fest aufziehen. Danach sollte die Hanfabdichtung mit einer kleinen Drahtbürste festgezogen werden. Aufgetragener Dichtungskitt ermöglicht ein müheloses Eingleiten des Gewindes in die Gegenmuffe. Der Wasserhahn wird nun mit beiden Händen in das Rohr fest eingeschraubt.

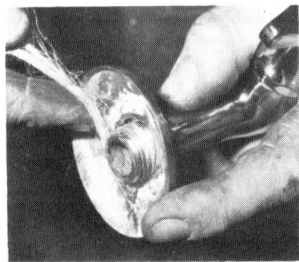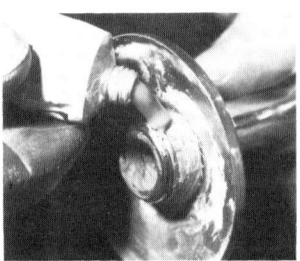

Austausch eines Bleisiphons am Küchenspülstein

Werkzeug: kleine Bügelsäge, 15 cm, für Eisen (PUK-Säge), Schraubenzieher $6,0 \times 100$, Rundholz für Bleiabflußbegradigung 50 mm, 10 cm lang, Hammer, 250 g.
Material: 1 Kunststoff-Siphon $2'' \times 50$ (oder $1\,^1/_2'' \times 40$), 1 Stopfenventil $2''$ mit $2''$- (oder $1^1/_2''$-) Gewinde, Kitt, 1 LKA-UM-Gummi 50×50 (oder 50×40).

84

Küchenspülen, die noch mit einem Bleisiphon funktionieren, kann man durch einen neuen aus Kunststoff ersetzen. Zunächst wird die Schraube des Spülsteinventils gelöst und mittels kleiner Säge der Siphon an der Wand abgeschnitten. Ist er vom Becken und von der Wand getrennt, kann er entfernt werden. Nachdem das alte Bleirohr mit einem Rundholz zentriert wurde, muß ein LKA-UM-Übergangsgummi zur Abdichtung von Blei auf Kunststoff passend eingedrückt werden. Das neue Ventil – auch mit Stopfen möglich – wird zwecks Abdichtung gegen das Porzellan mit einem Kittrand belegt (siehe auch Seite 75) und von oben in den Spülstein eingedrückt. Das Gegenstück wird mit einer Dichtung versehen, von unten gegengehalten und von oben durch das Stopfenventil mit einer Schraube festgezogen.

Wie in Bild 156 gezeigt, wird der Siphon samt Dichtungen und Verschraubungen zusammengesetzt. Den mit Quetschdichtungen versehenen Siphon kann man, der Örtlichkeit entsprechend, kürzen.

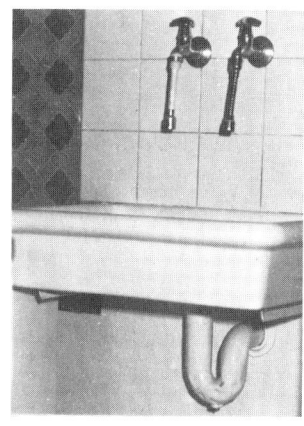

153 Bleisiphon 2″, der auch rechtsgedreht sein kann, unter alter Spüle.

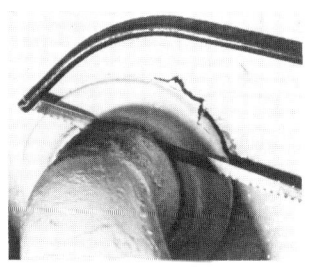 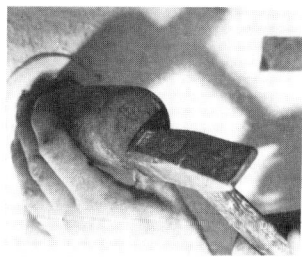

154 Mit der Säge abschneiden (links).

155 Bleirohr wird mit einem Rundholz zentriert (rechts).

Mit einer Dichtung zum Stopfenventil wird der Siphon montiert. In das Übergangsgummi sollte zuvor etwas Gleitmittel eingestrichen werden. Die Verschraubungen braucht man nur mit der Hand anzuziehen.

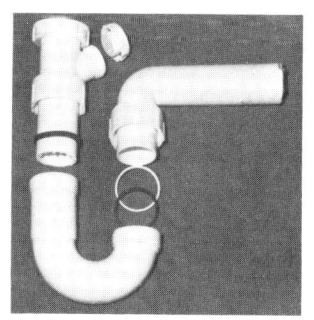

156 Siphonteile vor der Montage.

157 *Rechts und links anfassen und mit einem Ruck nach oben ziehen.*

Entfernen eines alten Spülsteins, Anschluß einer neuen Spüle

Werkzeug: kleine Bügelsäge, 15 cm, für Eisen (PUK-Säge), Bohrmaschine mit Schlagwerk 10 mm, Schraubenzieher 5,0 × 45, Spachtel 40 mm, kleiner Gummibecher.
Material: 1 Ab- und Überlaufventil 1 1/2″, 1 Kunststoffsiphon 1 1/2″ × 40, 1 LKA-UM-Gummi 50/40, Gips.

Nicht alle Spülsteine lassen sich mit einem Griff aus der Wand nehmen, besonders nicht solche, die sorgfältig eingebaut wurden. Soll der Spülstein durch einen neuen ersetzt werden, faßt man ihn an der rechten und linken Seite an und versucht, ihn nach oben zu ziehen. Die Stege der T-Eisen (Halter) bohrt man an ein paar Stellen an der Wand an und bricht die Halter durch Hin- und Herbewegungen ab. Die restlichen Stücke können in der Wand bleiben, weil sie die Montage der neuen Spüle nicht behindern.
Das Bodenventil wird, wie auf Seite 75 beschrieben, eingesetzt. Sodann steckt man das Überlaufrohr in das Bodenventil ein und zieht die Überwurfmutter mit der Dichtung an. Auf das Überlaufrohr wird jetzt das Anschlußstück mit Dichtung gesteckt und durch die Schraube, an der sich auch der Kettenhalter befindet, festgezogen.

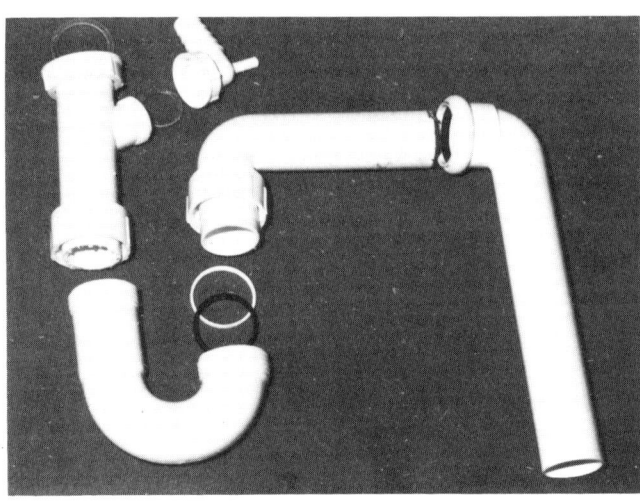

158 *Siphon vor dem Zusammenbau.*

86

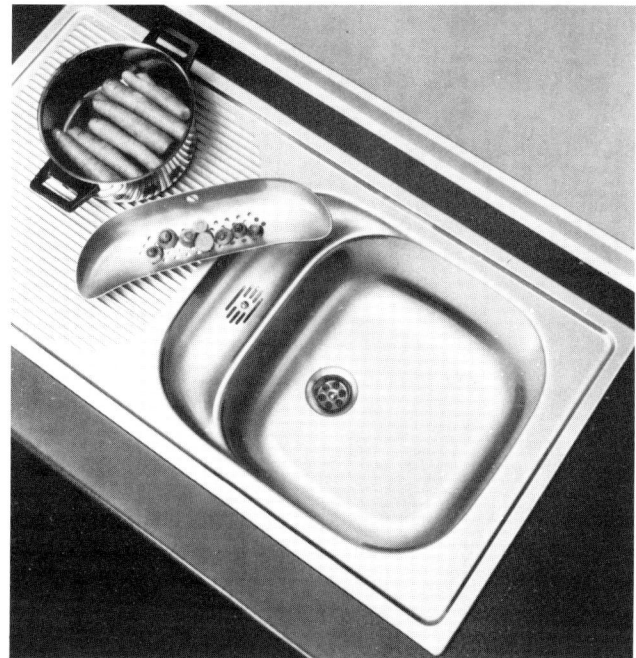

Montage einer Küchen-Schwenkbatterie

Werkzeug: Armaturenzange, kleine Bügelsäge, 15 cm, für Eisen (PUK-Säge), Zollstock, Maulschlüssel 17 mm.
Material: 1 verchromte Schwenkbatterie $1/2''$, Verlängerungen, je nach Bedarf, Hanf, Gewindekitt.

Einzelarmaturen von Kalt- und Warmwasserhähnen lassen sich heute problemlos durch eine Misch-Schwenkbatterie ersetzen. Man beginnt dabei mit der Montage des Ausgleichsstückes zwischen dem alten Rohr in der Wand und der neuen Batterie. Das Maß ergibt sich aus der Gewindelänge in der Verschraubung (ohne Dichtung) und der Höhe der Rosette. Um dieses Maß muß die Vorderkante des S-Anschlußbogens vor der Wand stehen, um die Batterie sauber montieren zu können. Falls erforderlich, kann auch der S-Anschlußbogen durch Absägen – jedoch nur an der $1/2''$-Seite – verkürzt werden. Damit man beim Absägen festeren Halt hat, wird zweckmäßigerweise

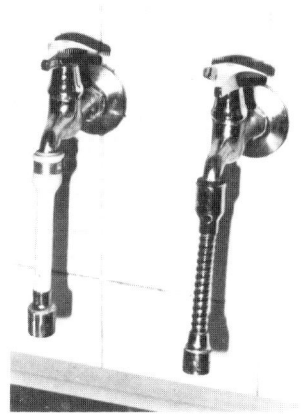

160 Die alte Anlage.

87

161 Ausmessen des Ausgleichsstückes ohne Dichtung . . . (links).

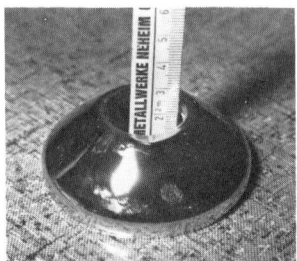

162 . . . und die Höhe der Rosette
(rechts).

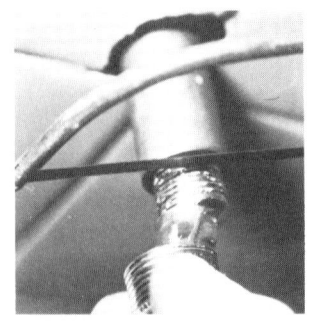

163 Der S-Anschlußbogen wird
durch Absägen verkürzt.

der Bogen in eine Verlängerung lose eingedreht. Nur das her-
ausstehende $1/2''$-Gewinde des Bogens wird angerauht und
eingedichtet.
Mit einem Maulschlüssel 17 mm dreht man die beiden Bogen
für Kalt- und Warmwasserleitung tief ein. Die Vorderkante des
rechten Bogens muß mit dem linken in einer Flucht sein, da sich
sonst die Dichtung verkantet und undicht ist. Danach werden
an beiden Seiten die Rosetten über die Bogen geschoben und
verschraubt. Nach aufgeschraubter Rosette muß sich das In-
nenmaß für die Überwurfmutter (ohne Dichtung) ergeben.
Die Batterie, mit Dichtungen versehen, kann nun gleichmäßig
aufgeschraubt und die Überwurfmutter mit einer Armaturenzange angezogen werden. Der Schwenkauslauf kann eingesteckt und die Befestigungsmutter leicht angezogen werden.
Abschließend ist zu prüfen, ob die werkseitig montierten Oberteile fest angezogen sind.

164 Nach der Montage Armatur
nochmals überprüfen. (Fertige
Armatur s. Seite 83.)

Reinigungsarbeiten im Bad

Abflußreinigung des Waschbeckens . . .

Werkzeug: Gummisauger und Reinigungsfeder.

Meist ist der Siphon durch Verschmutzung zugesetzt. Haare, Fett und dergleichen können nicht mehr weggespült werden. Bei leichter Verstopfung schafft man das Reinigen mit den handelsüblichen Produkten, die in den Abfluß geschüttet und mit Wasser aufgelöst werden.
Hartnäckigere Verstopfungen behebt man am besten mit dem Gummisauger. Der Sauger wird fest auf den Abfluß des Waschbeckens aufgesetzt, das Becken mit Wasser aufgefüllt, der Überlauf mit einem Lappen zugehalten und dann der Sauger ruckartig nach oben gezogen. Das wiederholt man mehrmals. Hat auch das nicht genutzt, wird zum Reinigen eine spezielle Feder verwendet.
Verschmutzungen können durch Abdrehen der unteren Verschlußkappe (Tasse), wie aus Bild 166 ersichtlich, entfernt werden. Den Siphonkörper gegenhalten. Mit dem Schraubenzieher den Siphon von unten gründlich auskratzen. Vor der

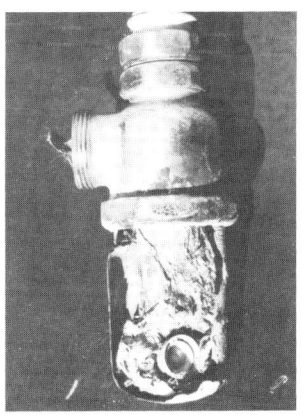 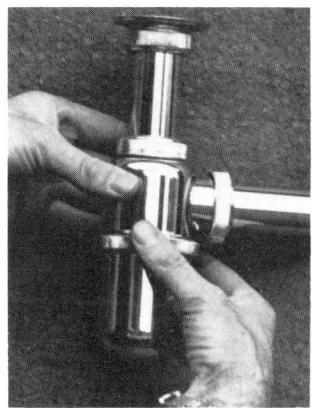

165 Hier ist Reinigen nicht mehr möglich (links).

166 Nach erfolgter Reinigung wird eine neue Dichtung eingelegt (rechts).

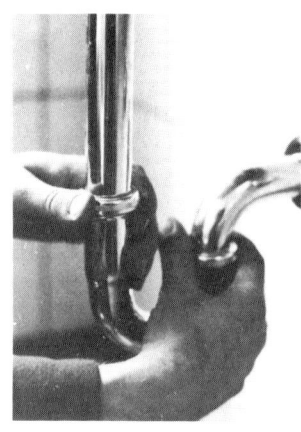

167 Der gereinigte Siphon wird wieder montiert.

Montage legt man eine neue Dichtung in die Tasse ein. Nur mit der Hand festziehen.

Bei einigen Siphon-Typen, zum Beispiel wie in Bild 167, werden die den unteren Bogen haltenden Überwurfmuttern gelöst und der Bogen nach unten abgezogen. Nach Ausspülen des Bogens und Reinigung des senkrechten Einlaufrohres und des waagerechten Abgangrohres auf einwandfreie Dichtungen achten. Bogen wieder montieren (gegenhalten). Das Reinigen des Abflusses bei demontiertem Bogen mit einer Feder ist noch einfacher.

. . . der Badewanne . . .

Werkzeug: Reinigungsfeder.

Die Badewanne, bekanntlich ein geformtes Stück Blech, besitzt zwei Löcher. Das untere fungiert als Ablauf, das obere ist der Überlauf, damit einlaufendes Wasser, wenn es nicht rechtzeitig abgedreht wird, überlaufen kann, ohne das Bad gleich zu überschwemmen. Der Überlauf ist mit dem Abfluß verbunden, der, um Geruchsübertragungen zu vermeiden, mit einem Siphon versehen ist. In den meisten Fällen ist hier die Verstopfung zu finden. Keinesfalls darf die Halteschraube im Bodenventil gelöst werden! Der Überlauf kann auseinanderfallen, die Dichtung defekt werden und der Abfluß unter die Wanne fallen. Gereinigt wird folgendermaßen: Mit Gummisauger Bodenablauf verschließen und Wanne halb voll Wasser laufen lassen. Mit der anderen Hand und einem Lappen den Überlauf zudrükken! Gummisauger mit einem kräftigen Ruck nach oben ziehen. Vorgang mehrmals wiederholen.

Bringt diese Prozedur keinen Erfolg, so ist auch hier das Verwenden einer kleinen Reinigungsfeder erforderlich. Sie wird durch das Bodenventil (Löcher sind groß genug) in den Siphon eingeführt, und die Feder wird unter ständigem Druck in den Abfluß hineingedreht. Auch danach kräftig spülen!

. . . des WC's . . .

Werkzeug: Reinigungssauger = Gummisauger.

Wer nach Benutzen des WC's nicht ausreichend genug nach-
spült, wird bald eine gründliche Reinigung nicht umgehen können beziehungsweise sogar ein neues WC benötigen. Denn in
den WC-Siphon gespülte Abfälle verhärten sich dort in Verbindung mit Fetten und setzen sich allmählich am Porzellan fest.
Ist erst eine unsaubere Schicht vorhanden, hat man Mühe
diese und weitere Verunreinigungen zu entfernen.
Bei nur leichtem Ansatz helfen die einschlägig bekannten Rei-
nigungsmittel, stärkere Verschmutzungen lassen sich seltener
beseitigen, so daß nur das Auswechseln des WC-Beckens
übrigbleibt.
Zum Reinigen bei Verstopfung wird der Gummisauger eingesetzt. Man drückt ihn tief (siehe Bild 168) in das Klosett ein und
füllt mit etwa einem Eimer Wasser das Becken bis zum Rand
auf. Den Gummisauger sodann mit einem kräftigen Ruck
hochziehen und sorgfältig nachspülen. Der Vorgang wird
mehrmals wiederholt.

168 Einstecken des Saugers in das
WC.

. . . und des Bodeneinlaufs

Werkzeug: Schraubenzieher 5,0 × 45.

Bodeneinläufe müssen mit Wasser gefüllt sein. Denn der Ablauf funktioniert wie ein Siphon. Er ist Schlammfang und Ge-
ruchverschluß zugleich. Bodenabläufe gibt es in unterschiedlichen Ausführungen. Bei einigen, zum Beispiel dem in Bild 169

169 Der Deckel wird abgeschraubt
. . . (links).

170 . . . und hier abgehoben
(rechts).

91

gezeigten, muß der Deckel abgedreht werden. Falls er festsitzt, stößt man mit dem Schraubenzieher gegen eine Deckelkante. Unter dem Deckel befinden sich die Einlauf- und Ablaufkammern. Der Einlaufrost im Bild 169 kann einfach angehoben werden. Eine Reinigung des Einlaufes ist durch den großen Rost gut möglich. Außerdem verbirgt sich unter ihm noch eine Reinigungsschraube für den Hauptabfluß. Da die Geruchsabschneidung durch Wasser erfolgt, sollte bei nichtbenutzten Bodeneinläufen Wasser gegen Glyzerin ersetzt werden.

Bildnachweis

Titelbild: Wolfgang Freyer, 5000 Köln 50; Bild 8a: Albertwerke Klingenberg, 8761 Trennfurt/Ufr.; Bild 159: Blanc + Co., 7135 Oberderdingen. Alle übrigen Abbildungen stammen vom Verfasser.

Stichwortregister